DU PHÉNOMÈNE ERRATIQUE

EN TYROL,

ET PARTICULIÈREMENT DANS LA VALLÉE DE L'INN.

Thèse de Géologie,

PRÉSENTÉE

A LA FACULTÉ DES SCIENCES DE STRASBOURG,

ET SOUTENUE PUBLIQUEMENT

Le jeudi 19 mars 1846, à deux heures après midi,

POUR OBTENIR LE GRADE DE DOCTEUR ÈS SCIENCES,

PAR

M. E. FRIGNET,

D'AUTRY (ARDENNES),

AVOCAT, DOCTEUR EN DROIT.

STRASBOURG,

DE L'IMPRIMERIE DE VEUVE BERGER-LEVRAULT.

1846.

2

PRÉSIDENT DE LA THÈSE :

M. DAUBRÉE,

INGÉNIEUR DES MINES, PROFESSEUR DE MINÉRALOGIE ET DE GÉOLOGIE
A LA FACULTÉ DES SCIENCES DE STRASBOURG.

A M. DAUBRÉE,

INGÉNIEUR DES MINES, PROFESSEUR DE MINÉRALOGIE ET DE GÉOLOGIE
A LA FACULTÉ DES SCIENCES DE STRASBOURG.

FACULTÉ DES SCIENCES.

CHAIRES.	PROFESSEURS.
Mathématiques pures	MM. SARRUS, doyen.
Mathématiques appliquées . . .	{ SORLIN. { FINCK, suppléant.
Physique	FARGEAUD.
Chimie	PERSOZ.
Zoologie et physiologie animale .	LEREBOULLET.
Minéralogie et géologie. . . .	DAUBRÉE.

La faculté a arrêté que les opinions émises dans les dissertations qui lui sont présentées doivent être considérées comme propres à leurs auteurs, et qu'elle n'entend ni les approuver ni les improuver.

Vidi ego, quod fuerat quondam solidissima tellus,
Esse fretum, vidi factas ex æquore terras :
Et procul a pelago conchæ jacuere marinæ :
Et vetus inventa est in montibus anchora summis.
Quodque fuit campus, vallem decursus aquarum
Fecit : et eluvie mons est deductus in æquor.

OVIDII Metamorph. lib. xv, 262 — 267.

Mon intention, en publiant ce travail, a été de réunir les notes et les observations que j'ai recueillies pendant mon séjour en Tyrol : je tâche d'en faire ressortir les traits les plus saillants, d'examiner avec attention, de ranger dans un ordre logique les faits que j'ai étudiés, laissant aux géologues plus expérimentés le soin de tirer de leur rapprochement les conséquences que ces observations peuvent renfermer.

Être clair, précis, fidèle à la réalité, telle est ma seule ambition. Cependant l'étude plus réfléchie des phénomènes erratiques[1], la comparaison de leur caractère dans des lieux souvent fort éloignés, l'étonnante uniformité qui, en Tyrol comme dans le reste des

---

1. On comprend, en géologie, sous le nom d'*erratiques*, les phénomènes qui paraissent être le résultat d'une force dont l'origine se rattache à une chaîne de montagnes, et dont les effets ont rayonné plus ou moins loin autour de cette chaîne.

1

Alpes, se rencontre dans la forme et la composition des moraines, démontrent encore une fois que ces rapports sont moins l'effet de la rencontre fortuite de deux phénomènes différents, que l'indication évidente d'une cause générale, universelle, à laquelle les plus célèbres géologues ont attribué l'origine du cataclysme erratique.

Mais avant d'essayer de pénétrer le mystère qui entoure, de nos jours encore, la nature de cette cause première, ces auteurs ont interrogé patiemment la plupart des glaciers de la chaîne des Alpes; il leur a fallu voir de près, avoir touché du doigt les lieux réputés classiques pour la connaissance et l'étude de l'époque erratique.

Il est regrettable que tous les géologues n'aient pas suivi l'exemple de ces illustres observateurs, et, qu'en s'occupant de l'histoire de la période erratique, ils n'aient pas été tentés d'examiner eux-mêmes les faits sur lesquels ils se proposaient de jeter les fondements de leur théorie. Quelque ingénieux, quelque brillant que soit un système, il ne saurait se soutenir, lorsqu'on y a négligé la plus essentielle des conditions, de consulter la nature, d'en étudier les effets; enfin, si j'ose dire ainsi, de connaître les pièces du procès.

Heureux si le défaut d'observations, l'ignorance du véritable état des faits, étaient la seule source, l'unique cause de nos erreurs : on pourrait espérer que, plus les ascensions dans les hautes montagnes, plus le séjour dans les glaciers deviendraient aisés et fréquents, mieux nous arriverions à connaître leurs caractères et leur nature; mieux aussi on arriverait à résoudre les problèmes ardus que l'observation fait naître à chaque pas. Mais pourrons-nous échapper aussi facilement à ce violent désir qui domine notre esprit, de tout ramener à l'unité, à cette fâcheuse prétention d'expliquer par un seul système, les questions les plus différentes, les plus contradictoires?

Combien cette tendance n'a-t-elle pas été nuisible aux progrès des sciences? Et nulle n'a, plus que la géologie, le droit d'en déplorer les tristes résultats.

Les querelles des Plutonistes et des Neptuniens sont à peine terminées: il a fallu le bon sens supérieur, les profondes connaissances, l'indépendance d'esprit de M. de Saussure, pour dégager le côté faible, pour faire ressortir les impossibilités de certains systèmes, etc. [1]

Que cet exemple, entre beaucoup d'autres, nous apprenne à écarter des théories exclusives, dont l'effet infaillible est de tout confondre, en voulant tout assujettir à une seule idée générale. Telle est la règle qui m'a toujours dirigé dans mes recherches sur les dépôts erratiques en Tyrol. Il faut examiner, il faut étudier la nature : mais gardons que notre examen ne soit fait dans l'intention d'arriver à un résultat

---

1. De Boucheporn, Études sur l'histoire de la terre, p. 62 et suiv.

arrêté d'avance ou conforme aux besoins d'une théorie préconçue.

Et, pour appliquer ce principe à l'explication des phénomènes et de l'époque glaciaire, j'ai emprunté aux théories publiées jusqu'à ce jour, les considérations qui m'ont semblé les plus probables; les idées, les hypothèses qui s'accordent le mieux avec la saine observation des faits. Je me suis attaché surtout à suivre la doctrine à la fois si juste et si simple, que les judicieuses observations de MM. Venetz, de Charpentier, Agassiz, etc., ont fondée dans le monde géologique, et qui s'applique avec tant de bonheur à tous les faits nouveaux que la science nous révèle sur cette question.

Mon travail se divise en deux parties principales : l'une, toute pratique, contient cinq chapitres consacrés à l'étude du caractère et de la position du terrain erratique en Tyrol; l'autre, théorique, où je résume mes observations et où j'en indique les conséquences les plus importantes.

Le premier chapitre renferme quelques considérations sommaires sur les différents ordres de faits, dont l'ensemble forme le terrain erratique. J'y trace rapidement les caractères des blocs, des moraines et des roches striées que l'on trouve dans les vallées, et que la plupart des géologues attribuent soit à l'action des glaciers, soit à celle d'anciens courants. On me reprochera peut-être de n'avoir pas donné une part assez large, dans mon travail, à l'étude des glaciers actuels, de leur constitution, et de leurs progrès. Mais j'ai craint de m'étendre sur un sujet encore si peu connu, et par cette raison si controversé : j'appréhendais que le résultat inévitable de cet examen ne fût une funeste confusion dans l'exposé que j'avais à faire. D'ailleurs trop de détails sur cette matière eussent été déplacés ici; j'ai entrepris de faire connaître le phénomène erratique en Tyrol, et non de déterminer la nature des glaciers, et surtout de résoudre les problèmes compliqués qui s'y rattachent.

Le deuxième chapitre contient une énumération rapide des pays où le terrain erratique a été observé et reconnu; montrant ainsi que ce phénomène prend un caractère évident d'universalité, et qu'il dépend presque toujours de la chaîne de montagnes qui traverse la contrée.

En spécialisant davantage les observations, j'arrive à examiner le mode de formation, la dispersion des débris en Tyrol. J'ai groupé les faits autour de plusieurs centres, d'où les dépôts semblent avoir rayonné jusque dans des vallées éloignées. C'est l'objet du troisième chapitre.

Un événement remarquable, qui s'est passé au mois de juin dernier dans l'Œtzthal, occupe le cadre du chapitre quatre : c'est la rupture du lac de Rofen-Eis, formé par les eaux des montagnes, dont un glacier, le Rofen-Vernagt, avait intercepté le cours.

J'examine dans le cinquième chapitre quelles sont,

en Tyrol, les vallées dont la conformation peut faire supposer l'existence d'anciens lacs.

Enfin, je termine par la partie théorique, en résumant les faits que m'ont fournis mes études en Tyrol, et en les rapportant à la théorie de M. de Charpentier, qui, avec quelques légères modifications, m'a semblé convenir seule à l'explication complète du terrain erratique.

DU PHÉNOMÈNE ERRATIQUE

EN TYROL,

ET PARTICULIÈREMENT DANS LA VALLÉE DE L'INN.

CHAPITRE PREMIER.

GÉNÉRALITÉS.

La plupart des personnes entendent par *glaciers*, ces amas de neiges et de glaces, qui couvrent perpétuellement le sommet des hautes montagnes, et résistent aux chaleurs de l'été. Cette définition n'est pas fausse; mais elle manque de la précision nécessaire au langage scientifique, et ne dessine pas nettement les principaux états qu'affectent les neiges selon les hauteurs où elles se trouvent.

Ainsi, d'accord sur ce point avec MM. de Charpentier et Agassiz, ainsi qu'avec la plupart des géologues qui ont suivi leur système, je comprendrai dans le terme général de *glaciers*, trois grandes variétés de neiges; savoir : les neiges cristallines grenues, qui se rencontrent à 2500 mètres de hauteur environ, et dont la mince épaisseur recouvre les assises d'un véritable glacier : ce sont là les *Hauts-Névés* des habitants de la Savoie, les *Firn* de la Suisse allemande, et les *Fernern* du Tyrol [1] ; ensuite les *glaciers* proprement dits, que connaissent tous ceux qui ont visité une haute chaîne de montagnes ; enfin, les *Bas-Névés*, ou ces neiges à moitié liquides, que les eaux imbibent et traversent en tous sens. [2]

Il n'entre pas dans mon sujet d'examiner comment les Hauts-Névés se changent en glaciers [3] ; quelle est

1. Ces Hauts-Névés se trouvent dans les parties le plus élevées de toutes les hautes montagnes : au Matterhorn, au Combin, au Vélan, sur les Fischhörner, au Mönch, à l'Ortels-Spitz en Tyrol. Toute la haute plaine de l'Œtzthal en est couverte. Ils y ressemblent à une couche de givre ou à de la moisissure qui couvrirait le glacier. Les voyageurs assurent que les Andes de l'Amérique en offrent aussi beaucoup à des hauteurs plus considérables (voy. à ce sujet les ouvrages de MM. de Charpentier, Agassiz, Hugi, Forbes, etc.).

2. Quelques personnes pensent que les glaciers n'existent que dans les régions supérieures. Mais il en est qui descendent à des points relativement très-bas. Les deux glaciers du Grindelwald, celui d'Aletsch, et le glacier des Bois, ne s'élèvent pas à 1000 mètres au-dessus du niveau de la mer (De Charpentier, Essai, etc., p. 7, note 2).

3. Je me bornerai à rappeler l'opinion incontestable et à peu près incontestée de la plupart des géologues et entre autres de M. Agassiz, sur la transformation des Hauts-Névés en glaciers. Je crois que les alternatives de chaud ou de froid que produit la présence ou l'absence du soleil sur l'horizon, dissolvent peu à peu les cristaux des Névés pour les recongeler ensuite et former ainsi un ensemble, une masse compacte, qui, par la suite des

la structure de la glace; comment les glaciers se conservent et s'étendent. Je dois supposer ces faits connus, et renvoyer le lecteur aux consciencieux ouvrages de MM. Agassiz, de Charpentier, Hugi, etc.

Cependant, c'est à l'étude des glaciers que la géologie doit la connaissance du phénomène qui nous occupe. Car, l'examen des terrains déclives où les glaciers ont accompli leur mouvement, a facilité la comparaison des stries qu'ils ont laissées sur leur passage, avec les érosions de certains rochers; et, l'étude simultanée des moraines actuelles et des vieilles collines diluviennes, a conduit des géologues à penser que, dans un temps, la terre avait été le théâtre d'un développement plus général des glaciers, et que, par cette cause, ils avaient laissé des traces de leur existence, dans des lieux où leur formation serait impossible aujourd'hui.

PREMIÈRE SECTION.

Des blocs erratiques.

Dans cette section, et dans les suivantes, mon but, je l'ai dit, a été de décrire, sous leurs différents

---

siècles, s'augmente et s'étend. Voilà l'origine des glaciers : telle est aussi la cause de leur marche progressive (M. de Charpentier, Essai, etc., 1.re partie, p. 10 et suiv. — Agassiz, Études sur les glaciers, p. 204. — Hugi, *Die Gletscher*, p. 40).

aspects, les témoins encore existants du phénomène erratique, d'en discuter la valeur scientifique, et d'en calculer la portée au point de vue de la période que j'examine. [1]

Ce chapitre n'est donc qu'un résumé des travaux des géologues que j'ai déjà cités. J'ai cherché à appuyer leur description par des exemples tirés de l'observation du terrain erratique en Tyrol. Je place, parmi les preuves les plus convaincantes du développement des glaciers dans la période erratique, l'existence d'une quantité de fragments plus ou moins gros, arrachés à des roches inconnues dans les lieux où on les rencontre aujourd'hui, et qu'une force mystérieuse a lancés jusqu'à des distances incroyables. Ce sont les blocs erratiques. [2]

Les plaines du centre de l'Allemagne, le nord de la

---

1. Si, dans ce chapitre, j'ai négligé l'examen des théories qui ont été proposées, pour expliquer le transport des blocs, la formation des stries et des moraines, c'est qu'il m'a semblé plus naturel d'étudier sérieusement les faits, d'en comparer les caractères, avant de chercher dans leur nature et dans les circonstances actuelles, le moyen de déchirer le voile qui nous en cache l'origine. Un second motif serait que les théories se représenteront à la fin de ce travail, et que ce double examen, quoique sommaire, eût amené des redites, sans profiter à la clarté et à la précision de nos idées.

2. Agassiz, *Vierteljahrschrift* 1841, Sept., p. 112. — Hugi, *Die Gletscher*, p. 76. — Fromherz, *Diluvial-Gebilde des Schwarzwaldes*, p. 135.

Suisse, les cimes du Jura, les vallées du Tyrol, la Lombardie, le Piémont, sont couverts de ces blocs énormes. Ils semblent fixés là de toute éternité ; car les alluvions, les couches d'un humus séculaire, les ont presque complétement ensevelis. [1]

Leur nombre et leur volume ne semblent pas avoir de règle fixe. Cependant, M. de Charpentier a remarqué qu'en Suisse les roches les plus dures, telles que les granits, les gneiss, les serpentines, etc., ont fourni le plus de blocs et les plus considérables ; tandis que

---

1. Ces blocs ont quelquefois des dimensions prodigieuses : on en cite de plus de 50,000 mètres cubes : ils sont semés très-loin de leur point de départ, sans que souvent leurs angles soient émoussés. Les blocs des environs de Moscou sont à plus de 250 lieues des Alpes scandinaves. — En Suisse, les blocs les plus remarquables sont : la pierre des Marmettes, la pierre à Bot près de Neufchâtel, la pierre Bessa, la pierre à Dzo près de Monthey (de Charpentier, 2.ᵉ partie, page 125). J'ai rencontré en Tyrol des blocs de gneiss qui, pour être moins connus, n'en sont pas moins volumineux : je ne citerai que ceux de l'Ochsengarten, dans l'Oberinnthal ; ceux de Rosenheim, dans le Tyrol bavarois, enfin le Steinerne Meer, dans le Pinzgau, plus connu par le nombre infini de ses fragments que par leur volume. Dans les plaines du Véronais, à Rivoli, Roveredo, etc., situés au pied du Monte-Baldo, on a trouvé des blocs très-gros d'une euphotide verdâtre, que l'on n'a signalée jusqu'ici que dans les environs du Monte-Moro, de Macugnaga et d'Allalein dans le Vispthal. Comment y sont-ils arrivés ? — Je n'oserai joindre à cette liste les énormes masses du Splügen près de Campodoleino, car je ne crois pas qu'ils proviennent de la même cause que les précédents.

les débris de moyenne grosseur appartiennent surtout aux schistes micacés, talqueux, à des calcaires, etc. [1] Le caractère le plus marquant de ce genre de débris est d'avoir conservé l'acuité des angles, la netteté des surfaces, la saillie, je dirai presque la fraîcheur des arêtes. Il serait difficile de leur assigner une position exclusive : on les trouve épars dans les plaines, et sur les flancs et les sommets des montagnes [2]; cepen-

---

1. De Charpentier, Essai, etc. p. 121. — J'ai pu vérifier en Tyrol la réalité de cette observation. La plupart des fragments erratiques des vallées de l'Inn et de l'Adige, dans la province de Trente, sont des gneiss, des schistes micacés très-quartzeux; ils appartiennent presque tous à la haute chaîne de l'OEtzthal.

2. Les distances que ces blocs erratiques ont parcourues sont quelquefois incroyables. J'ai déjà cité les blocs de la vallée de l'Adige, auprès du Monte-Baldo. Ces débris jonchent les rives si originales du lac de Garde : je les ai vus très-fréquents à Gargnano, à Maderno, à Salo, sur la rive occidentale du Lac : on m'a donné l'assurance qu'il y en avait beaucoup dans les environs de Rivoli et de Caprino. Le Dauphiné n'a-t-il pas aussi ses blocs erratiques, qui de la haute cime du Mont Blanc ont passé par-dessus des montagnes calcaires de 1000 mètres de hauteur pour s'arrêter dans la vallée de l'Isère? Dans le travail récent que M. Fromherz a publié sur la Forêt-Noire, il nous montre les sommets des montagnes couverts de blocs dont on ne peut connaître l'origine (1.re partie, p. 137). Enfin j'ai vu, dans la vallée de l'Adige, un énorme bloc de granit verdâtre (22,000 mètres cubes) arrêté sur le sommet dolomitique de la Ganthkofel, dont la nature géognostique s'éloigne complétement des terrains pri-. mitifs. Nul doute que ces blocs n'eussent été entraînés depuis la chaîne des Alpes de Stubai.

dànt, c'est dans les points de croisement de plusieurs vallées qu'ils se réunisssent en plus grand nombre; ils y forment des digues d'autant plus épaisses que le passage devient plus étroit ou les déclivités plus abruptes. [1]

Dans tous ces amas, les blocs ne semblent pas s'être disposés d'après les lois de la pesanteur. Vous verrez les débris les plus gros entourés, soutenus, supportés par des fragments beaucoup moins considérables. Quelquefois leur composition géologique diffère complétement.

Les premières observations que l'on ait faites sur les blocs erratiques datent du siècle dernier, et se sont bornées à la chaîne des Alpes. Depuis cette époque, les géologues les ont répétées en Angleterre, en Amérique, en Asie [2]. Cette universalité autorise à ne pas envisager la cause de ce phénomène comme un accident fortuit ou purement local. Il faut y voir bien plutôt les manifestations d'un grand événement, dont l'influence se serait étendue à tout le globe.

---

1. Tous les voyageurs ont visité la bande de blocs erratiques de Monthey, en Suisse, signalée par M. de Charpentier; celle de la saline de Devens, dans le canton de Vaud. Je citerai en Tyrol la digue de l'Ochsengarten près du Staibenthal, les digues nombreuses du Tefereckenthal et de la vallée de l'Isel, etc.

2. Voy. sur l'Angleterre les publications de MM. Agassiz, Buckland, etc. *Edimb. Phil. Journal, xviii.* — Pour l'Amérique, le Journal de Ch. Darwin : *Journal of researches into the Geology, and natural history,* et les publications de l'Association des Géologues américains, avril 1841, Philadelphie.

Cependant, les travaux de MM. Al. Brongniart, Böthlingk, Selfströme, Durocher, etc., dans la Finlande et la Laponie, ont signalé plusieurs particularités propres au dépôt diluvien du nord de l'Europe. Les fragments de rochers que l'on y rencontre à l'état erratique sont d'un volume plus considérable, et ont été transportés plus loin que ceux des Alpes[1]. Il n'est pas rare (en Finlande) de les voir enterrés dans une couche de sable de la même origine, qui semble partir de la chaîne scandinave. Ensuite, souvent une des faces de ces blocs porte des traces évidentes d'un incroyable frottement[2]. Cette anomalie se retrouve encore fréquemment dans les plaines de la Russie, de la Lithuanie et de la Courlande.[3]

---

1. Voyez la carte géologique d'Erman. D'après cet auteur, les limites du phénomène erratique (blocs, roches striées, sables, löss, etc.) s'étendraient sur une demi-circonférence depuis la Russie orientale (Moscou), et l'Allemagne septentrionale jusqu'aux plaines de la Belgique. La direction générale présente cependant quelques variations. Depuis la Belgique jusqu'à Breslau, sous le 35.e long. E., elle ne dépasse pas le 51.e lat. N. Plus loin, dans les steppes de la Russie, elle atteint le 61.e lat. N. (sous le 52.e long. E.). Voy. aussi Annales des sciences naturelles, 1828, t. xiv. — Comptes rendus, 17 janvier 1842, etc.

2. C'est ce que l'on a appelé côté du choc, *Stossseite*.

3. Un dernier caractère, propre au dépôt du Nord, est l'accumulation de petits fragments de granit dans des trous, des cavernes, d'autres roches en place; ils y forment comme une sorte de nid, sans qu'on puisse connaître quelle force les y a poussés. M. de Meyendorff les a signalés dans la province de Vitepsk.

Voilà les principaux traits qui distinguent les blocs erratiques des dépôts alluviens ou diluviens. M. de Charpentier a donné à l'ensemble de ces blocs le nom de *terrain éparpillé*; il désigne sous le nom de *terrain erratique accumulé* ou *stratifié*, l'ensemble des vieilles moraines, dont nous allons étudier le caractère.

DEUXIÈME SECTION.

Des moraines.

Les montagnards de la Savoie désignent sous le nom de *moraines*[1], des amas de sables, de cailloux et de blocs d'un volume médiocre, qui présentent les caractères des fragments erratiques, et que l'on rencontre dans les hautes vallées, aux environs des glaciers actuels. Au premier aspect, la forme extérieure de ces collines pourrait les faire confondre avec les dépôts diluviens des plaines et des contrées basses, surtout lorsque les moraines sont assez anciennes pour que la végétation se soit développée à leur surface. Mais, tandis que les dépôts diluviens sont formés de sables, de galets arrondis, souvent polis, rarement striés, qu'ils présentent une stratification nettement arrêtée[2],

---

1. Les guides du Berner-Oberland les nomment *Gandecken*, et les Tyroliens *Moränen*.

2. Il ne faut pas conclure de ce caractère que la stratification soit exclusivement le signe d'une origine aqueuse. On peut citer

une alternance invariable entre ces différentes espèces
de débris, dans les moraines, les blocs sont entassés
sans ordre, sans distinction de volume, de composition ou de grosseur, un sable granitique les entoure,
et, réuni à un ciment calcaire, a quelquefois formé
des poudingues grossiers. [1]

Tels sont les caractères les plus saillants, le signa-
lement, si j'ose dire, des deux types extrêmes; mais
entre ces limites se groupent une infinité de collines,
que des nuances imperceptibles rattachent les unes
aux autres, au point d'embarrasser les géologues, et
de rendre souvent impossible la séparation précise
de ces dépôts ambigus. [2]

---

beaucoup de dépôts erratiques bien stratifiés, surtout à l'entrée
des vallées latérales, et cependant l'état des fragments qui les
composent repousse toute idée d'une cause diluvienne (voyez
l'Essai sur les glaciers, par M. de Charpentier, p. 257 et suiv.).

1. Ces poudingues ressemblent à de la gompholite ou à du
Nagelfluh (Righi), plus grossier que celui de la Suisse. La plupart
des collines erratiques des environs d'Innsbrück sont recouvertes
par une formation semblable, tandis qu'au-dessous on retrouve
tous les caractères des vieilles moraines (Sillthal, collines de
Mühlau, de Thaur, de Mils. — Le ciment calcaire paraît être
venu de la chaîne du Solstein).

2. Les environs d'Innsbrück offrent des moraines assez nettement stratifiées (Zirl, Martinswand, Sillthal, etc.), tandis que
sur les pentes du Bregenzerwald (Vorarlberg) on trouve de
nombreuses alluvions, bouleversées de fond en comble, et où
il serait impossible de retrouver aucune trace de stratification
(voyez aussi M. de Charpentier, pag. 257).

La science doit aux travaux si profonds et si exacts
de M. de Charpentier le système de classification le
plus complet des moraines actuelles. L'auteur l'a com-
posé dans la pensée qu'il pourrait servir de terme
fixe pour la comparaison des moraines nouvelles avec
les anciennes et le rapprochement entre les dépôts
des différentes contrées, et pour faciliter ainsi la dé-
couverte de la véritable origine du terrain erratique
accumulé. Il a pour base les rapports des moraines
avec les glaciers qui les produisent. En effet, les dépôts erratiques que nous rencontrons dans les vallées
de la chaîne des Alpes, peuvent se rapporter soit à
des glaciers encore existants, soit à d'autres glaciers
qui ont disparu depuis les temps historiques, et
dont ils sont les seuls restes et comme les derniers
témoins. De là des moraines récentes ou *modernes*, et
d'anciennes ou de *vieilles moraines*.

Rien de plus facile que de déterminer la position
et l'espèce des moraines actuelles, à l'égard du glacier
qui les produit. Les unes, en effet, se trouvent accu-
mulées à son extrémité antérieure, au delà même des
premières glaces. Ce sont les *moraines frontales*, d'ordinaire les plus considérables en hauteur et en volume.[1]
D'autres, que l'on nomme *latérales*, sont le résultat
de la réunion des graviers et des blocs, que conte-

---

1. Il n'est pas rare de les voir rattachées les unes aux autres
et former ainsi une chaîne de collines concentriques.

naient les glaces, sur les flancs du glacier [1]. Vient enfin une troisième espèce d'amas, plus rares et moins considérables que les deux premiers, et que l'on trouve à la superficie des glaciers. Les Savoyards les appellent *Bandes*, les Allemands *Guffern*. Je leur conserverai la dénomination de *moraines superficielles*, qu'elles ont reçue dans la science. — Quelque éboulement de rochers dans les parties supérieures de la montagne; la destruction et l'entraînement d'anciennes moraines frontales par la marche déclive des glaciers : telles sont les causes les plus ordinaires de cette espèce de dépôt. Il n'a pas, du reste, la stabilité des moraines frontales ou latérales. Les eaux de neige, en imbibant les sables, dispersent ces amas, et forment ainsi des zones noirâtres qui s'étendent quelquefois à toute la surface du glacier. [2]

Aux trois classes admises par M. de Charpentier, j'en ajouterai une quatrième, mais moins nombreuse; je veux parler de ces moraines, qui se forment au pied des glaciers verticaux ou très-inclinés. Je n'ai trouvé, dans les Alpes, que deux exemples de cette sorte de

---

1. Voyez les planches publiées dans le texte de l'ouvrage de M. de Charpentier, pag. 50 et suiv.

2. Glacier du Pizthal, du Rofen-Vernagt, dans le Rofenthal, en Tyrol : quelques glaciers du groupe du Matterhorn et de celui de l'Ortels-Spitz en Suisse et dans la Valteline. Les Allemands appellent ces zones *Gufferlinien* (Agassiz, *Ueber die Gletscher* [*Alpenreise*] 1844, p. 63).

glaciers : le premier est l'Eisgletscher, qui, sans s'appuyer contre les parois du Zwerchwand, descend dans la vallée de Rofen, en formant un angle de 68°; l'autre est un des bras du glacier de la Bernina, qui s'allonge presque verticalement dans la vallée de Pontresina (Valteline). Les moraines qui se déposent au-dessous de ces glaciers, semblables aux précédentes par leur composition, en diffèrent par la forme : c'est un demi-cône, dont l'axe serait une ligne droite dans le plan de la paroi contre lequel il s'appuie.

Mais cette division des moraines actuelles ne saurait avoir d'application rigoureuse et logique, s'il s'agit d'anciens dépôts. En effet, la question qui s'élève dans ce cas, est celle-ci : quelle est l'origine de ce dépôt? et s'il est dû à l'action des glaciers, quelle était sa position à l'égard du glacier qui l'a formé? On le voit : ce serait préjuger la solution du problème, que d'adopter ici les distinctions des moraines en frontales, latérales, etc.

Le guide le plus sûr dans ces recherches est d'étudier la forme extérieure, le profil du dépôt, et de le comparer à l'espèce des moraines actuelles qui semble s'en rapprocher le plus. C'est à ce caractère que M. de Charpentier s'est attaché quand il a divisé les moraines anciennes. Cet auteur n'admet que deux formes principales : la forme de *bande* ou de digue, et celle en *monticule* ou *forme conique* (Essai, etc., p. 254). C'est donc au contour des dépôts, à l'étude de leur position dans les vallées, que nous nous attacherons désormais, pour y trouver les éléments indispensables de la détermination de leur origine.

La forme conique est la plus ordinaire dans les dépôts du Tyrol. La théorie conduit à penser que c'est la seule figure que l'on puisse assigner *à priori*, aux amas de matériaux indépendants, erratiques, qui se forment en dehors de tout obstacle[1]. Cependant je ne connais pas de dépôt qui présente un développement parfait du solide conique. L'inclinaison des deux pentes est presque toujours inégale : l'une est abrupte et fait face à la partie la plus haute de la vallée; l'autre présente un talus modéré et ses derniers débris vont insensiblement se perdre dans la plaine.[2]

Quelques collines doivent leur forme conique à l'existence d'un noyau solide intérieur, autour duquel les débris se sont lentement amassés. On reconnaît

---

1. Les débris erratiques ne sont pas les seuls qui affectent la forme conique. Elle résulte aussi du soulèvement des terrains par une force interne, par l'éruption de matières volcaniques, etc. Tels les cônes du Vésuve, le cratère de la Somma, le Monte Nuovo, les cirques de la Solfatare et degli Ascoli, les mille petits cônes de l'Etna, des salses de Toscane, etc.

2. La végétation qui couvre la surface de ces dépôts, ne permet pas toujours d'en déterminer nettement le contour; aussi M. de Charpentier dit-il, avec raison, que le nombre et l'importance des débris erratiques est en proportion inverse des progrès de la civilisation (Essai, 2.ᵉ partie, p. 127).

la présence d'un tel noyau à l'égalité des pentes de ces
dépôts, à l'acuité de leurs sommets, à la déclivité de
leurs talus, enfin, à l'isolement même de cette forme,
qui démontre bien qu'elle est l'effet d'un accident,
d'une cause fortuite.[1]

J'ai déjà signalé la forme conique comme étant
celle de la plupart des moraines frontales actuelles ;
circonstance qui permettrait de regarder les dépôts
anciens ainsi formés comme étant de vieilles moraines
frontales[2]. La probabilité de cette origine s'augmente-
rait encore, si plusieurs dépôts coniques se trouvaient

---

1. Il est probable que les glaciers qui descendaient sur les
pentes de la montagne, auront rencontré une pointe de rocher,
capable d'arrêter leur marche déclive. Alors, les ruines qu'ils
poussaient devant eux, élevées par l'épaisseur des glaces, se sont
écroulées jusqu'au pied de la montagne, et au moment de la fonte
générale des neiges, auront pour ainsi dire enseveli le rocher sous
leur masse. Une moraine que l'on peut citer comme type de cette
espèce, est celle sur laquelle est bâti le château de Kronburg, près
de Zams. Du reste cette forme se rencontre fréquemment, surtout
dans les terrains métamorphiques (la route impériale de Feldkirch à Innsbrück coupe l'une de ces moraines près Sanct-Anton,
Stanzerthal ; le couvent de Frauenkloster, près de Bludenz
(Montafun), est bâti sur une moraine de même forme).

2. En effet, si l'on suppose que l'extrémité d'un glacier avance
dans la vallée, il faut reconnaître aussi que les débris qui seront
rejetés se réuniront en partie sur le sol, en partie sur la surface
même du glacier. Le glacier, en fondant, abandonnera ces débris
à l'action de la pesanteur, et de cette manière il se formera
un solide plus ou moins régulier.

groupés sur une demi-circonférence et parallèlement
à l'axe de la vallée.[1]

Au reste, ce rapprochement de vieilles moraines
est quelquefois si intime, que leurs pentes se confondent et disparaissent en partie, pour former comme
une sorte de digue, dont le contour imite celui des
vagues d'une mer doucement agitée. Chacune de ces
ondes indique une période de temps durant laquelle
le glacier est resté stationnaire. J'appellerai cette nouvelle espèce de dépôts, *moraines ondées*, quoiqu'à
vrai dire elle ne soit qu'une dérivation de la forme
conique.[2]

Les moraines ondées sont très-nombreuses; elles se
trouvent ordinairement aux points de réunion des
vallons secondaires avec les grandes vallées. Nous examinerons par la suite les inductions que l'on doit tirer
de cette circonstance. Ainsi, plusieurs contrées du
Tyrol, l'Innthal, les vallées de l'Adige, de l'Eisach, de

1. On trouve des exemples nombreux de cette variété dans
l'Œtzthal, le Pitzthal, à Botzen, Mühlbach, etc. Les auteurs qui
se sont occupés de la Suisse en citent aussi beaucoup. Je ferai
remarquer surtout la fameuse moraine de Tines, près du glacier
de l'Argentière, et celles du glacier des Bois, où se trouvent de
si beaux mélèzes.

2. M. de Charpentier lui donne le nom de *moraine multiple*
(Essai, etc., p. 254 *et passim*). Mais j'ai mieux aimé m'attacher
à une dénomination qui rappelle la forme de cette sorte de
dépôts On ne peut hésiter un instant à l'attribuer aux oscilla-
tions de la fonte des glaces (Agassiz, *Alpenreise* 1844, p. 64).

la Salza, de l'Isel, le Pusterthal, etc., en présentent un grand nombre dans toute leur étendue.

Ne confondons pas avec les moraines ondées certains amas de sables et de cailloux, que l'on remarque au pied des montagnes, et qui, au lieu de présenter une série de coupoles hémisphériques, s'étendent en s'aplatissant; leurs talus abruptes, le nivellement de leurs sommets rappellent les digues erratiques de la Scandinavie. Le nom d'*Ǻsars* a été donné à ces dépôts par les auteurs suédois. M. de Charpentier les nomme *bandes* ou *digues erratiques*. Ces bandes se trouvent fréquemment en Tyrol, sur les différents étages d'une même montagne, et témoignent ainsi de la marche et de la fonte progressive des glaciers [1].

La forme semi-conique (moraines étalées) dont j'ai déjà fait la description, est bien plus fréquente dans les anciens dépôts que dans ceux de nos jours. C'est, en effet, une conséquence naturelle du développement des glaciers durant la période erratique. Au reste, ces anciennes moraines ne diffèrent en rien des formations actuelles. Leurs pentes sont douces, insensibles; un sable fin les recouvre presque toujours et supporte une riche végétation.

---

1. De Charpentier, Essai, etc., p. 254. Les montagnes de la vallée de l'Ill, de celle de l'Adige, et surtout de l'Ober-Innthal, m'ont offert beaucoup d'exemples de ces dépôts échelonnés jusqu'à de grandes hauteurs, et qui sont presque toujours accompagnés de roches polies et striées (environs de Mils, de Sils, d'Innsbrück).

Mais, en raison même de ces caractères, le voyageur peut être tenté de confondre les moraines étalées avec ces monceaux de ruines qui sont l'effet des éboulements, ou qui signalent chaque année le passage des avalanches. Et, lorsque la suite des siècles, l'influence des vents et des pluies, en déposant des germes féconds sur le sable qui recouvre ces dépôts, y a développé cette vigoureuse végétation dont je parlais tout à l'heure, il devient impossible de distinguer l'œuvre lente des glaciers de l'effet destructeur des éboulements et des avalanches.

Limite du terrain erratique en Tyrol. Le Tyrol ne m'a présenté rien de particulier à cet égard. Les limites du terrain erratique varient entre les points extrêmes que M. de Charpentier et M. Élie de Beaumont ont publiés pour la chaîne des Alpes suisses[1]. Cependant, la détermination de cette ligne est dans les montagnes

---

1. M. de Charpentier (Essai, etc., p. 269) cite plusieurs points où les glaciers ont dû avoir six à huit cents mètres de hauteur. Il en est qui vont à mille mètres. M. de Beaumont a donné d'intéressants détails sur ce sujet dans les recueils de la Société philomatique (Institut., 1.re sect. 1842, 12 août); la limite du terrain erratique, dit-il, est marquée par le passage des roches moutonnées aux roches anguleuses. On voit, ajoute cet illustre géologue, la ligne limite s'incliner doucement depuis les hautes régions jusqu'aux vallées, en coupant leurs pentes à des degrés très-divers. A ces observations est joint un tableau des principales hauteurs qu'atteint le terrain erratique dans les Alpes (voyez aussi Agassiz, *Alpenreise* 1844, p. 66).

du Tyrol beaucoup plus difficile qu'en Suisse, parce que les hautes vallées étant infiniment plus étroites, et les rochers qui les bornent presque verticaux, les dépôts n'ont pu s'y former aussi librement, et les glaciers, en avançant, ont dû descendre dans la vallée, jusqu'à ce qu'elle fût remplie par leur réunion.

TROISIÈME SECTION.

Des stries.

L'une des preuves les plus frappantes de l'ancienne existence de nombreux glaciers, c'est le striage et le polissage de beaucoup de roches en place, situées à des hauteurs considérables. Un grand nombre de fragments de roches épars, ont aussi une ou plusieurs de leurs surfaces polies et couvertes d'éraillures[1]. M. de Charpentier a, l'un des premiers, reconnu toute la valeur de ce fait.

Quel que soit l'agent qui paraisse les avoir produites, les stries résultent toujours du frottement d'un corps en mouvement sur un autre corps immobile ou doué d'un mouvement inverse.

---

1. Tantôt il n'y a d'érosions que sur une seule des faces du rocher; c'est le cas le plus ordinaire des blocs scandinaves, et les savants ont donné à cette face le nom de *Stossseite* (voy. note 2, page 14). Tantôt toutes les surfaces ont été presque uniformément polies et striées (voyez Agassiz, Recherches sur les glaciers; Soleure 1841, p. 175).

Mais si vous comparez la nature et le nombre des stries, si vous examinez leur profondeur, leur direction, vous saisirez bientôt les différences essentielles, qui les séparent.

Je négligerai les distinctions minutieuses, que l'étude approfondie de ce genre de phénomène a introduites dans la science. Je ne passerai pas plus en revue les roches sur lesquelles on a constaté la présence de stries : c'est un phénomène si général, qu'il n'est pas, je crois, d'espèce minéralogique, qui n'en ait offert au moins un exemple. [1]

De toutes ces classifications, la seule qui ait un rapport véritable avec le sujet que je traite, est celle qui distingue les stries glaciaires des érosions dues :

---

1. Les géologues observent soigneusement si les mêmes cannelures existent sur deux roches différentes, mais juxtaposées. Il leur importe aussi de connaître l'inclinaison des couches et l'influence qu'elle peut avoir sur la direction des stries. Car il est évident que celles qui se trouvent à la fois sur deux roches différentes, ne sauraient provenir d'une cause intérieure, d'une propriété inhérente à l'une ou à l'autre de ces masses. M. Léonhard (*Geologie und Naturgeschichte der Erde*, pag. 424. *Neue Jahrb.*, etc, 1837, p. 536) a signalé dans l'Odenwald plusieurs exemples de stries sur roches de nature diverse : telles les stries sur gneiss et calcaire compacte de transition d'Auerbach ; sur des granits primitifs et des granits de transition (embouchure du Necker), grès rouge et granit (Heidelberg), grès rouge et porphyres de Donnersberg. Les laves dolérites du Kaiserstuhl, la craie de Weinböhla (Saxe), enfin les granits de Gothenbourg fournissent de nombreux échantillons de roches striées.

1.° à l'action des eaux, 2.° à celle de l'atmosphère, enfin 3.° au glissement de deux roches l'une sur l'autre.

Les eaux, soit vives, soit stagnantes, ont en général peu d'action sur les roches. Quand elles en subissent l'influence, c'est plutôt comme agent chimique ou corps dissolvant qu'à titre de force physique[1]. Et si la roche est assez tendre pour se laisser entamer, les stries n'ont pas cette netteté et cette régularité qui frappe dans les deux autres classes. Mais que les eaux entraînent avec elles des blocs, des cailloux, du sable même, et on comprendra facilement que dans leur course rapide, en les frappant contre les angles des rochers, elles parviennent bientôt à polir et à strier les surfaces qui sont en contact avec le torrent.

Mais ces érosions n'auront jamais l'uniformité,

---

1. Fromherz, *Diluvial-Gebilde des Schwarzwaldes* p. 103. Agassiz, Recherches sur les glaciers, p. 177. J'ai trouvé des exemples de ce genre de stries dans les phyllades de transition de la Schwarze Lutschine, un peu avant d'arriver à Lauterbrunnen. C'étaient des lignes ondoyantes, d'une profondeur très-inégale. Il y en a plusieurs à la Via Mala, entre Tusis et Splügen, dans la vallée de l'Hinterrhein, etc. Le caractère essentiel de ces stries est de ne pas s'étendre à la surface entière de la roche, et de disparaître sur toutes les surfaces concaves qu'elle peut présenter. Cependant il n'est pas toujours aisé de distinguer les deux espèces de stries, lorsque la roche que l'on examine est d'une médiocre dureté; un calcaire, par exemple (Stries du *Litzkamm,* près de Zermatt).

le parallélisme singulier qui caractérise nettement les stries produites par les glaciers.

Les glaces agissent à l'instar des corps en mouvements ; mais de la lenteur de leur marche résultent des stries dont le caractère est tout particulier. Les agents atmosphériques n'ont qu'une faible influence sur les surfaces extérieures des roches ; et si les angles de certains granits portent les traces de leur action, on ne saurait au moins leur attribuer le striage et le polissage d'aucune roche. Ces stries sont extrêmement fines, semblent faites au diamant, et leur direction, toujours uniforme, reste constamment parallèle au sens de la marche du glacier ; enfin, elles se continuent sur toute la surface des roches, peu importe qu'elle soit convexe ou concave.

J'ai dit que les stries produites par les glaciers se distinguaient essentiellement de celles que forment deux roches en glissant l'une sur l'autre. Tantôt ce glissement est le résultat d'un éboulement extérieur[1] ; tantôt l'effet d'un changement d'équilibre, ou bien la conséquence d'une force intérieure qui a fait hausser ou baisser les couches de deux roches stratifiées.

---

1. L'histoire nous fournit, dans la Suisse seule, beaucoup d'exemples de semblables accidents : je pourrais citer les éboulements d'Ormonts près Yorne (1584), de Plurs près Chiavenna (1618), des Diablerets, dans le Valais (1714 et 1749), du Righi (1806), du Masaccio, en Valteline (1807). Enfin on pourrait y ajouter le prochain éboulement de la Calanda près de Coire.

Dans ce cas, les stries existent en des endroits où il a été impossible aux glaces de pénétrer; elles se répètent sur deux surfaces opposées mais réunies. On les voit, serrées les unes contre les autres, occuper tout le plan de la roche. Elles contiennent presque toujours d'autres érosions, beaucoup plus fines. Les stries glaciaires présentent entre elles plus d'écartement, et je n'y ai jamais vu ces zones caractéristiques du frottement de deux surfaces.[1]

---

1. M. le chanoine Crosset-Mouchet a présenté au septième congrès italien réuni à Naples, et où je me trouvais, un fragment de calcaire dont une des surfaces était polie et striée. Ce bloc provenait des environs du lac d'Annecy, et on attribuait ce polissage au glissement de deux couches dans la formation calcaire.

CHAPITRE II.

QUELQUES MOTS SUR LA GÉOGRAPHIE DU PHÉNOMÈNE ERRATIQUE.

Le phénomène dont nous venons d'énumérer les principaux effets, et dont la persistance a signalé toute la durée de la période diluvienne, s'est étendu sur le nouveau comme sur l'ancien monde. Son universalité a toujours paru une preuve des plus concluantes de l'importance de cette période dans l'histoire des métamorphoses du globe.

De toutes les parties du monde, l'Europe est la première où le phénomène erratique ait été étudié. C'est encore celle où il est le mieux connu.

J'y vois une conséquence nécessaire des recherches, auxquelles les géologues se sont appliqués sur tous les points de ce continent. Et depuis que nos relations avec tous les peuples, même les plus éloignés, sont devenues plus fréquentes, la connaissance du terrain erratique de l'Europe a fait naître l'idée de l'étudier dans d'autres contrées; ainsi l'on a pu en constater l'existence au voisinage de presque toutes les chaînes de montagnes. C'est donc sur leurs pentes, qu'il faut suivre le développement des terrains erratiques.

En effet, en Suède et en Laponie, comme dans la Suisse et le Tyrol, c'est autour des chaînes de montagnes que se trouvent les phénomènes erratiques les plus imposants, leurs traces les plus nombreuses et les preuves les plus décisives. Et les principales crêtes des montagnes semblent avoir été des centres secondaires, d'où cette puissance inconnue aurait rayonné en tous sens.

Les premières observations du phénomène erratique ont été faites dans la partie occidentale des Alpes. C'est la vallée de Chamouny qui, la première, a révélé à M. de Saussure la possibilité d'une période géologique dans laquelle les glaciers eussent occupé plus d'espace qu'ils ne le font aujourd'hui, et auraient couvert des hauteurs où la neige ne peut résister aux chaleurs de nos printemps.

A l'exemple de l'illustre physicien génevois, des géologues explorèrent bientôt le bassin de l'Isère, ainsi que les vallées qui s'y rattachent; les plaines du Faucigny, la vallée du Rhône et les hauteurs du Jura, etc.; et partout on eut l'avantage de recueillir les témoins et les preuves de l'existence d'anciens glaciers. Un vaste manteau de neige avait dû couvrir la vallée de Graisivaudan, et s'étendre par-dessus les vallées subordonnées du mont Cenis et du Mont-Blanc, jusqu'aux cimes du Jura, tandis qu'une autre plaine de glace unissait le mont Rosa et le Cervin à la chaîne des glaciers de l'Oberland.

Comment imaginer un semblable changement dans les conditions de l'équilibre atmosphérique, et dans le relief de cette partie de l'Europe?

Cette hypothèse, tout extraordinaire qu'elle paraisse, est cependant confirmée par des faits, des observations irrécusables[1]. M. de Charpentier, et après lui plusieurs géologues, ont clairement établi que, pour déterminer le développement de glaciers, que ces phénomènes supposent, il n'avait pas fallu des circonstances bien différentes de celles où se trouve le monde actuel.

Un grand nombre de roches striées, de blocs, de moraines se rencontrent dans les vallées du Piémont. M. Studer les a signalés dans le val d'Ansasca, à Macugnaga, au Quarazza, dans la vallée d'Aoste, etc.

Les recherches de MM. Brongniart, Böthlingk, Sefström, Durocher, etc., dans les régions septentrionales de l'Europe, depuis la Laponie, la Finlande, jusque dans les plaines de la Podolie, de la Lithuanie et de la Prusse orientale, ont montré à quel degré de puissance est parvenu dans ces pays le phénomène erratique.[2]

Les érosions de la plupart des rochers, le transport de volumineux déblais, leur dissémination sur une surface immense, tels sont les effets principaux de cette force inconnue.

---

1. Voyez à cet égard les recherches de M. de Charpentier, Essai, etc., 2.ᵉ partie, p. 280 et suiv. — Et *Leonhard's Jahrbuch*, 1842; 1.ʳᵉ livr., p. 56 et suiv. — Enfin ce que nous disons dans une des notes du chapitre vi.

2. Voyez aussi la note de M. Daubrée, professeur à la Faculté des sciences de Strasbourg, etc., sur le diluvium de la Suède (Comptes rendus, 6 février 1843).

Les collines granitiques de la Scandinavie ont presque toutes une apparence uniforme; leur surface a été modifiée par l'action de ce puissant cataclysme; il y existe un grand nombre de cannelures profondes, régulières. En Finlande on trouve une multitude de petites collines à pentes douces vers le Nord, et presque abruptes du côté du Sud. Leur direction est à peu près la même que celle des cannelures en Suède. Puis, un dépôt erratique assez épais couvre le sol, et semble relier entre elles ces moraines de glaciers qui ne sont plus. [1]

Comment ne pas apercevoir l'extrême concordance, les mille rapports qui se manifestent entre les dépôts erratiques des Alpes, et les blocs, les érosions, les collines du Nord, auxquelles on assigne la même époque et la même origine.

L'Allemagne est la terre classique de ce phénomène : c'est dans les vastes plaines du Danemarck, de la Silésie, de la Pologne, de la Lithuanie et sur les versants des montagnes de Sandomir, que la débâcle glaciaire du Nord a entassé ses débris les plus imposants; dans le même temps, au Sud, les Alpes dispersaient leurs blocs de granit dans la Bavière, la Basse-Autriche, et jusqu'en Bohème.

Mais telle est l'universalité de ce phénomène, qu'aucune chaîne de montagnes n'a pu y échapper.

---

1. Rapport de MM. Brongniart et Élie de Beaumont sur le mémoire de M. Durocher (Comptes rendus, 17 janv. 1842).

La Saxe elle-même paraît avoir été le centre d'une révolution erratique. Dans l'Erz- et le Fichtelgebirge, on a trouvé des stries, des roches polies, des blocs et même des moraines. M. Naumann écrivait, en 1844, à M. de Leonhard, à Heidelberg, qu'il avait observé nombre de roches polies au Spielberg, au petit Kewilschenberg, au Holzberg; les stries de ces roches étaient parallèles, et suivaient presque toutes une direction N. O. S. E. L'observation attentive des localités, ajoute ce géologue, la composition des amas de graviers qui se trouvent au pied des montagnes, ne lui permettent pas d'en attribuer la cause aux glaciers de la Scandinavie. [1]

Le terrain erratique de l'Angleterre fut exploré de bonne heure; nulle part, peut-être, les recherches n'étaient plus faciles : et hâtons-nous de le dire, les brillants travaux des géologues anglais avaient rendu cette tâche aisée. De nombreuses publications firent connaître l'étendue et le caractère du phénomène erratique en Écosse et en Irlande. Les Grampians, les Cheviots, la chaîne du Shehallion, en Écosse; les montagnes du Cumberland et du Westmoreland, en Angleterre, renferment des témoins importants de l'époque erratique et des révolutions qui l'ont accompagnée. [2]

La longue chaîne des montagnes américaines, qui

---

1. *Leonhard's Jahrbuch*, ann. 1844 et 1845.

2. Consultez les mémoires de MM. Buckland, Kemp, Forbes, Agassiz, etc.; *Edimb. Philos. Journal*, t. xviii, p. 569, etc.

semble former l'épine dorsale du Nouveau Monde, a fourni beaucoup d'exemples du phénomène qui nous occupe. C'est dans les environs des grands lacs des États-Unis, l'Ontario, l'Érié, sur les bords du fleuve Saint-Laurent, que M. Ch. Daubeny a trouvé le plus de traces de ce cataclysme. Il aurait eu son point de départ dans le Nord, et les débris en ont été dispersés par lui sur les immenses savanes du Canada, du Connecticut, jusqu'aux premières collines des Montagnes Rocheuses. [1]

N'en doutons pas, le terrain erratique, qui s'est développé sur le revers oriental des Montagnes Bleues et des Rocheuses, se retrouverait sur le revers occidental, dans l'Orégon, sur les rives de la Colombia et du Colorado, si le peu de rapports que l'on a avec cette contrée, eût permis d'y étudier ce phénomène.

Les Andes et les Cordillères ont été sillonnées par des masses de débris, qui s'élèvent à 30 ou 40 mètres. Ces amas, dit M. d'Orbigny, ne peuvent être attribués à des courants ordinaires; il est à supposer qu'ils ont été charriés d'énormes torrents, etc., de lacs situés dans les Andes, dont les eaux se seraient précipitamment épanchées dans la mer. [2]

---

1. Comptes rendus, t. xvi, 1843. Bulletin de la société géologique, t. xi, p. 221.

2. Les recherches de M. Darwin sur les anciens glaciers de la Patagonie, que nous citons plus bas, ne pourraient-elles pas permettre d'attribuer ces effets au développement des glaces?

Le docteur Ch. Darwin a publié, il y a quelques
années, le résultat de ses recherches sur le phénomène erratique de la Patagonie, de la terre de Ma-
gellan, et de l'île de Chiloë. [1]

Au Rio de la Plata, dit cet observateur, des cailloux assez petits sont souvent entassés avec du sable
fin, et forment des collines. Ces débris, on les retrouve au Rio Santa-Cruz, à cent milles des Cordillères, et plus tard au cap Grégory; mais, dans
ces deux contrées, les ruines sont bien plus impo-
santes, les blocs beaucoup plus considérables que
dans la province de Buénos-Ayres. La plupart sont
des fragments de schistes argileux, des roches feld-
spathiques, des chlorites, des fragments de lave
basaltique, etc.

Les mêmes débris jonchent les plaines de la Terre
de feu; ils paraissent y avoir été transportés des Cordillères. Le sol de cette contrée est formé par une
sorte de grès, sur lequel des blocs de grünstein, de
porphyre, de quarz, se sont arrêtés. Mais si vous
l'examinez avec attention, dit M. Darwin, vous ne
tarderez pas à vous convaincre de l'origine toute
aqueuse du terrain : c'est l'effet des atterrissements de
la mer, à une époque où l'Océan atteignait la base
des montagnes.

Vers 43° lat. S. et 73° lat. E., à l'île de Chiloë,

1. *London. Edimb. Philos. Magazine*, t. xix, 1841, p. 536-541.

on rencontre des fragments nombreux d'un volume très-considérable de syénite et de gneiss, semés sur les plaines et les coteaux de l'île. Des arêtes vives, une cassure fraîche, et surtout leur composition minéralogique, bien différente de celle des roches de l'île, annoncent assez leur origine et la cause de leur transport. L'auteur ne craint pas d'assigner leur présence en cet endroit à l'existence et aux progrès d'anciens glaciers : ils ont dû plonger dans la mer, comme le font ceux des canaux de Beagle et de Sainte-Madeleine.

CHAPITRE III.

DU DÉPOT ERRATIQUE EN TYROL.

Le Tyrol autrichien est un pays montagneux et sauvage, borné au Nord par les montagnes calcaires du Tyrol bavarois; à l'Est, par le pays de Salzbourg, les gouvernements de la Styrie et de la Carinthie; au Sud par la Lombardie et les États vénitiens: par la Suisse et les Grisons, à l'Ouest.

La charpente du Tyrol se compose d'une chaîne centrale primitive, flanquée de deux chaînes latérales dont la formation est postérieure.

La chaîne centrale primitive, que l'on pourrait appeler l'épine dorsale du pays, appartient tout entière aux roches plutoniques et aux terrains métamorphiques; elle longe constamment le cours de l'Inn, qu'elle ne franchit pas, faisant même quelquefois place à de petits envahissements de chaînes calcaires latérales, comme dans le cercle de l'Unter-Innthal.

L'Ortels-Spitz et le Gross-Glockner, les deux points culminants de cette chaîne, sont placés: l'Ortels-Spitz, dans la Valteline; le Gross-Glockner, aux confins de la Carinthie et du Salzbourg; enfin, le Wildspitz, s'élevant du milieu des montagnes de l'Œtz, semble tendre la main à ces deux cimes extrêmes.

La chaîne centrale est coupée en deux : à son extrémité, par la vallée de l'Adige, qui semble en isoler l'Ortels-Spitz, et vers le centre, par le col du Brenner; elle s'abaisse au Brenner à 1530 mètres au-dessus de la Méditerranée, et au Mittersee, à 1500 mètres environ. Beaucoup de ses cimes ne s'élevant pas à 2600 mètres, région ordinaire des neiges éternelles, au 47.e degré de latitude; les glaces ne les couvrent pas en entier. Elle diffère en cela de la chaîne centrale suisse, dont elle semble la prolongation : car on n'y remarque pas une longue ceinture de glaciers comme celle, qui, du Mont-Blanc, s'étend jusqu'au delà du Splügen, et vient dans l'Engadin s'unir aux montagnes du Vorarlberg; mais elle offre un grand nombre de pics isolés, qui gardent leur neige pendant toute l'année, et quelques groupes de glaciers, dont ceux de l'Ortels-Spitz, du Montafun, de l'Œtzthal et du Venediger sont les principaux.

Du haut de l'Ortels-Spitz on peut s'assurer de la conformation générale du pays, et les hautes cimes qui vous entourent, situées à peu distance les unes des autres, dessinent avec une parfaite exactitude les arêtes de cette épine centrale, dont elles forment comme les vertèbres.

A la grande chaîne intérieure, granitique, sont appuyées deux chaînes secondaires, qui lui sont parallèles : celle du Nord et celle du Midi.

La chaîne du Nord, composée en grande partie de roches calcaires ou schisteuses de formation triasique

et jurassique, suit exactement la rive gauche de l'Inn,
comme la grande chaîne primitive en longe la rive
droite, et ce n'est qu'à Schwatz, où l'Inn fait un
détour et incline vers le Nord-Ouest, qu'un de ses rameaux traverse le fleuve et vient vers le Zillerthal
s'adosser aux contre-forts de la vallée de la Salza et du
Gross-Venediger. Cette chaîne du Nord renferme les
plus grandes richesses minérales du Tyrol.

La chaîne du Midi n'est pas, comme celle du Nord,
de formation exclusivement calcaire; de curieux massifs de porphyre l'ont rendue célèbre; son parallélisme
avec la chaîne primitive est moins exact. Se développant
d'abord sur la rive droite de l'Adige avant Bolsano,
elle franchit ce fleuve et l'Eisach aux environs de cette
ville, et remontant la rive gauche de l'Eisach jusqu'à
Brixen, elle atteint la Rienz dans le Pusterthal, qu'elle
suit exactement jusqu'à Brunecken, pour s'étendre de
là vers l'Est dans la Carinthie; au Midi, elle pénètre
dans les États vénitiens, et pousse de nombreux rameaux jusqu'aux environs de Vérone et de Vicence, et
confine à la chaîne volcanique des monts Euganéens.

Autour de ces chaînes de montagnes se groupent
de nombreuses vallées, la plupart d'une médiocre
largeur; presque toutes ont conservé les traces d'un
développement de glaciers plus considérable que celui
d'aujourd'hui.

Les débris qu'elles contiennent, ont les mêmes caractères que ceux de la Suisse, et, à cet égard, la

comparaison de ce terrain, entre les deux pays, est facile; mais, en Tyrol, les rapports des montagnes avec les dépôts, et leur influence sur la dispersion des blocs, ressortent avec plus d'évidence.

Il est donc nécessaire d'examiner spécialement quelles montagnes semblent avoir pris la part la plus active dans ce rayonnement général des débris de l'époque erratique.

Dans ce but, nous diviserons les montagnes du Tyrol en trois grandes chaînes :

1.º La chaîne du Nord ou chaîne du calcaire jurassique, sur la rive gauche de l'Inn, jusqu'à Kuffstein et Rosenheim en Bavière; elle s'étend à l'Ouest sur la rive droite de l'Ill, vers Feldkirch et jusqu'au Rhin;

2.º La chaîne méridionale comprend toutes les hauteurs du Tyrol, depuis Bruneckeu et Trente, à l'Ouest, jusqu'aux provinces du Vicentin et du Frioul.

3.º Enfin, la chaîne centrale qui se subdivise en quatre groupes secondaires :

a) Le groupe de l'Ortels-Spitz, avec les montagnes du Val di Sole et du Val di None. [1]

b) Le groupe du Vorarlberg ou des montagnes primitives de Fermont et de Montafun;

---

1. J'ai négligé de donner des détails précis sur le terrain erratique de cette contrée, parce que, comme je ne l'ai parcouru que rapidement, j'aurais été obligé de m'en remettre à des observations incomplètes; ensuite, que ce groupe appartient plutôt à la Suisse qu'au Tyrol.

c) Le groupe des glaciers de l'Œtz et des Alpes, de Stubai jusqu'à l'Inn;

d) Enfin, le groupe de l'Unter-Innthal, c'est-à-dire, l'ensemble des montagnes de la vallée de la Dux, de la Ziller et de la Salza.

Groupe du *Vorarlberg.*

Le massif du Vorarlberg ou des Alpes rhétiques forme la limite de la Suisse et des États autrichiens.

Mais, pour saisir parfaitement les rapports des montagnes de ce groupe avec les phénomènes erratiques, il ne faut pas en isoler les chaînes du Lichtenstein et de la Prœttigau (Grisons).

Dans le groupe du Vorarlberg je réunirai donc :

1.° Les cimes des Fermont (*Ferri montes*), du Rhæticon et du Montafun, dont je suivrai les versants septentrionaux jusqu'à la vallée de l'Ill, et près de Feldkirch ;

2.° La chaîne glaciaire de la Selvretta, qui s'étend au Sud jusqu'aux rives de l'Inn (Engadin, Ligue des 10 Juridictions);

3.° Enfin, les montagnes de la Rosanna et du Paznauerthal jusqu'à Landeck.

Les points les plus élevés de ce système sont distribués, au centre et au midi, sur les chaînes des montagnes du Landquart (Grisons); mais les pics culminants se groupent en hémicycle à leur point de réunion autour de l'Albuinkopf (Fermont) et forment un croissant de glaces qui se termine au-dessus de Prutz, près du cours de l'Inn. [1]

L'élévation de ces montagnes, leur connexion intime avec les cimes de la Suisse et des Hautes-Alpes, démontre jusqu'à l'évidence que le massif du Fermont est un des anneaux les plus importants de la chaîne générale des Alpes, un centre primitif autour duquel doit se grouper la série des terrains géologiques voisins.

La partie centrale, le noyau du Vorarlberg, appartient aux roches métamorphiques, et particulièrement au gneiss. Les sommets de l'Albuinkopf, du Litzner-Spitz, du Fimber-Ferner, de la Selvretta, en sont presque exclusivement composés. [2]

Ce n'est qu'à des hauteurs inférieures que les premières couches du schiste micacé se font jour et se relèvent brusquement sur les assises du gneiss. Elles alternent avec lui dans la vallée de Montafun, depuis Parthenen jusqu'à Gaschurn, et dans les vallons latéraux de Ganiera et du Gargella.

Dans tout ce revers, le gneiss domine le schiste mi-

---

1. La véritable ligne s'étend depuis le val de Miarra, l'embouchure du Lavinnon jusqu'à Plurs.

2. L'Albuinkopf est à 2898 mètres au-dessus de la mer; le Litzner-Spitz à 2614 mètres; le Fimber-Ferner à 2600 mètres; la Selvretta à 2715 mètres. Les autres points principaux sont l'Amazonen-Spitz à 2145 mètres; le Gafalberg à 2575 mètres; le Kibliser-Spitz à 2700 mètres.

cacé ; la roche y contient peu de feldspath ; mais le quarz y est si abondant et si intimement uni aux autres substances du gneiss, qu'au premier coup d'œil on hésite à le reconnaître, et qu'on serait tenté de le prendre pour du weisstein. [1]

A Sanct-Gallenkirch, sur la rive droite de l'Ill, le gneiss a complétement disparu : le schiste micacé constitue les rochers de toute la contrée de Gampretz.

Cette roche s'est développée sur de grandes étendues à l'Arlberg et autour du pic du Valtschaviel. Les caractères qu'elle présente sont du reste presque les mêmes que ceux du gneiss, et cette concordance est

---

1. Il est des endroits où le feldspath prend un aspect porphyroïde (Schlapiner-Joch). Dans d'autres points, le mica, d'une couleur gris-brun, entremèle ses feuillets en lames si déliées, qu'il semble former des stries plutôt qu'une schistosité véritable (Quellen-Joch, Dilisuna-Alpe). Des cristaux d'hornblende se joignent souvent en grand nombre aux paillettes de mica et aux veines de quarz que l'on rencontre dans le gneiss. Cette substance ne fait pas toutefois partie intégrante de la roche ; elle alterne avec les petits feuillets de mica et de quarz : à tout prendre c'est plutôt un schiste qu'une masse compacte. Il est de couleur vert-bouteille (Montafon à Parthenen et à Gaschurn-Netzerthal, Schwarz-Tobel et Tobel des Gantadones). Parmi les roches subordonnées au gneiss, il en est une dont le singulier aspect avait longtemps trompé les géologues ; on la prit pour une serpentine. Mais des analyses faites, par des membres de la Société géologique d'Innsbrück, prouvent clairement que c'est une chlorite, dont les écailles sont si minces qu'elles donnent à l'ensemble une apparence cristalline (Zingel-Tobel ; Tafamont-Berg).

telle que, sans une sérieuse attention, on pourrait souvent confondre ces deux roches. [1]

La grauwacke, dont on aperçoit quelques traces dans les terrains de Dalaas et de Stuben, succède au micaschiste, qui s'étend sur la rive droite de l'Alfenz, depuis Dalaas jusqu'à Boden, passe l'Ill près de ce point, et forme la roche principale des montagnes du Rellsthal (Rhætikon) [2]. On peut considérer cette grauwacke comme la transition entre les roches métamorphiques (gneiss et micaschiste) et le calcaire; elle n'a pas l'importance des deux espèces minérales que nous venons d'examiner, quoique, dans l'époque erratique, elle ait fourni beaucoup de blocs à la vallée de l'Ill, depuis Bludenz jusqu'à Renzing. [3]

· Je suis arrivé aux limites septentrionales du groupe des Alpes rhétiques. Au delà de l'Ill s'étend la forma-

1. Les couches y sont d'épaisseur variable (depuis deux pouces jusqu'à plusieurs pieds); elles suivent en général l'orientation S. S. E. La couleur de cette roche est tantôt rougeàtre (Valtschaviel), et tantôt le vert glauque y semble prédominer.

2. Je ne sais comment expliquer l'existence de blocs considérables de grauwacke au sommet de l'Arlberg près de l'hermitage. Car cette montagne est formée exclusivement de schistes micacés. Serait-ce que les blocs y aient été amenés du fond du Rellsthal? Et faut-il admettre qu'une cause inconnue, torrents ou glaciers, aient pu s'élever à 1432 mètres, pour y déposer des blocs d'un semblable volume? Quoi qu'il en soit, voilà un prodigieux effet, et qui passe les bornes de l'imagination la plus vaste.

3. Il y a plusieurs substances dans le Vorarlberg dont les

tion calcaire de la chaîne du Nord. Nous l'examinerons, en la comprenant avec le reste du système jurassique et crétacé qui forme presque tout le Tyrol bavarois.

Le groupe du Vorarlberg a conservé peu de débris erratiques, en comparaison des deux autres centres de la chaîne principale. Les hautes cimes du Fermont et les vallées qui s'y rattachent immédiatement, en sont même complétement dépourvues[1]. Ce fait n'a rien qui doive étonner; car les dépôts ne sauraient se produire et surtout se conserver dans des vallons étroits, abruptes, sans cesse exposés à la chute des avalanches.

La présence de blocs isolés est en général le premier signe de l'apparition du terrain erratique. On pour-

---

gisements sont subordonnés à la grauwacke, et dont les couches alternent avec elle :

a) Un *schiste phyllade,* à feuilles minces, dont l'inclinaison est très-forte. L'éclat de la roche est médiocre, sa couleur varie du gris-brun au vert-grisâtre;

b) Une variété remarquable de ce *schiste,* d'une couleur rouge foncée, dans lequel on voit briller le mica en petites paillettes. On ne le trouve qu'en lits minces de forme lenticulaire;

c) Un *grès rouge*, à ciment argileux, à grains fins, habituellement accompagné

d) D'un *conglomérat quarzeux*, à base d'argile, bigarré de veines de quarz;

e) Enfin quelques *roches de quarz.*

1. J'oubliais cependant de signaler quelques surfaces polies et striées, que l'on trouve dans les gneiss de l'Ober-Valül, du Schafboden et de l'Ochsenthal.

rait dire qu'ils en forment aussi les dernières traces; car on les rencontre encore longtemps après que le terrain erratique a cessé.

Ainsi, des blocs de gneiss, de micaschiste, de grünstein, détachés du Fermont et du Rhætikon, se trouvent dispersés, sur les pentes des montagnes, près de Schruns, au commencement même de l'Illthal; ils s'étendent sur toute la longueur de cette vallée, et encombrent les alentours de Feldkirch, le versant occidental du Bregenzerwald (Gerhardsberg, près Langen, Hüttisau, Krumbach, Sibratsfäll) [1], et ne disparaissent qu'en Bavière.

Les roches striées sont nombreuses près de Sanct-Anton; elles le sont davantage encore aux environs de Bludenz. On les trouve sur des schistes micacés (Schruns, Gantschir, Tschaggunn, etc.), des grau-wackes (Böden) et les calcaires compactes des bords de l'Alfenz (Bludenz, Nüziders, etc.). Les plus appa-rentes et les plus parfaites se trouvent sur des cal-

---

1. Les environs de Sibratsfäll présentent un fait assez singu-lier; on y rencontre des blocs d'un granit très-riche en feld-spath, dont les caractères diffèrent entièrement de ceux que présentent les granits du Vorarlberg et de la Suisse. En les comparant aux échantillons de granit déposés au *Ferdinandeum* d'Innsbrück, il ne s'en est trouvé aucun qui se rapprochât de cette roche feldspathique. Je ne saurais le comparer qu'à ce granit grossier qui se trouve dans les montagnes de la Bohème, entre le Danube et la Moldau (environs de Budweis).

caires de l'embouchure de l'Alwiersthal, dans la vallée de l'Ill.

Toutes présentent à un haut degré les caractères des stries que produisent les glaciers dans leur marche : c'est-à-dire qu'elles sont fines, parallèles; enfin, qu'elles s'étendent à toute la surface de la roche.

Les dépôts accumulés, rares dans les hautes vallées, deviennent fréquents à la jonction du Silberthal et de la vallée de l'Inn, près Gantschier : ce sont comme de longues digues à contours ondulés; mais il n'y a dans leur formation rien qui rappelle une origine fluviatile. Je n'oserais pas affirmer toutefois que ces dépôts qui se trouvent à la base du Bartholomæusberg (Silberthal), soient vraiment erratiques. Les avalanches sont si fréquentes en cet endroit; elles ont rendu si vagues les caractères des dépôts, qu'il est difficile de les considérer comme autre chose que des éboulements résultant de la chute des neiges.

Le retrécissement subit de la vallée, à Loruns, n'a pas permis la formation de collines erratiques. Quelques gros blocs de gneiss se sont seulement accumulés le long des rives de l'Ill, et à l'entrée même de la gorge.

C'est dans les environs de Bludenz et de Nenzing, à chaque point de réunion des vallées latérales du Geiskopf et du Brandener-Ferner avec l'Illthal, qu'il faut chercher les collines les plus élevées. A Ludesch, par exemple, à l'entrée du Walserthal, vous trouverez une série de moraines ondées qui s'étendent, sur une longueur de 800 mètres, jusqu'au cours de la rivière. La plupart ne sont pas stratifiées; cependant des traces d'un travail de désagrégation dans les dernières pentes de ces collines, me ferait croire qu'elles ont dû subir l'action des eaux; ainsi les angles des blocs ont été arrondis, leurs surfaces parfaitement polies et non striées, etc.; enfin, il s'y est opéré une sorte de triage.

Les moraines de la rive droite s'unissent presque à celles de la rive gauche, à la hauteur de Nenzing. Ces dépôts ont dû se former à une époque où l'Ill n'existait pas, ou du moins, où elle n'occupait pas son lit actuel; car les eaux de ce torrent ont profondément rongé les dernières assises des collines.

L'action des eaux devient plus sensible, quand on s'approche du Rhin. Il est à peu près impossible de distinguer près de Feldkirch, les dépôts diluviens, de ceux qui proviennent du phénomène erratique. Les bouleversements que les inondations du Rhin produisent dans cette contrée, y ont complétement mêlé les dépôts des deux origines.

Tel est, en résumé, l'aspect du terrain erratique sur le versant septentrional du massif du Vorarlberg. Sur la pente méridionale de ce terrain il n'est ni aussi puissant, ni aussi varié. La cause de cette différence est aisée à découvrir : considérez la vaste étendue de glaciers qui du Fermont s'étend jusqu'à l'Albula, et jette à l'Ouest les rameaux du Hochwang-Gebirge, du Krummerberg et du Rothhorn, et vous comprendrez, comment, dans ces vallées étroites et abruptes, les débris n'ont pu se rassembler et former d'importants dépôts.

La vallée de Davos contient quelques blocs de schistes micacés, amenés du Schwarzhorn et de la Scaletta. J'en ai vu d'autres, mais en petit nombre, déposés dans le Dischma, et à l'entrée du val de Flüela (près du lieu dit *In der Enge*), sur les versants orientaux de la Scaletta et du Vedelsberg. Les roches striées y sont plus nombreuses; je signalerai surtout celles du Mont-Deis (versant Nord) dans le val Susasca. [1]

Les moraines reparaissent à Filisùr, elles deviennent même très-remarquables à Weissenstein et sur l'Albula, et de ce point elles s'étendent à l'E. sur les flancs de cette montagne, jusqu'à Camogsk. Leur forme est tantôt conique, tantôt elle appartient à cette classe de moraines que j'ai nommées moraines étalées. Les plus considérables se trouvent à l'entrée du val de Bevers, près de l'Osteria-Lasania. Vous les retrouverez le long du cours de l'Inn, jusqu'à Ponte et à Madulein. [2]

---

1. C'est en passant le col de Flüela pour arriver à Süss, sur les bords de l'Inn, que j'ai rencontré les plus beaux blocs striés. Ils sont situés au pied du Mont-Chasté, à la jonction du Grietschthal et du val de Susasca.

2. La forme de ces dépôts ne réunit cependant pas tous

J'aurai l'occasion de revenir plus tard sur les dépôts de cette vallée et du val Pontrésina, lorsque j'examinerai les circonstances qui rendent probable, en certains points, l'existence des lacs, ou des masses d'eau considérables.

Groupe des glaciers de l'Œtzthal.

A l'Est des montagnes du Vorarlberg et sur la rive droite de l'Inn s'élève le vaste et neigeux plateau de l'Œtz. Il forme à lui seul le cercle de l'Oberinnthal, et s'étend sur une superficie de 174 milles carrés environ. C'est la limite naturelle du Tyrol du Nord et de celui du Midi. Langues, mœurs, races, caractères, tout est différent, selon que l'on reste en deçà, ou que l'on passe au delà de cette étroite arête de glaciers.

Je renfermerai le système des montagnes de l'Œtz et celui de la vallée de Stubai, qui s'y rattache comme annexe, dans les limites que le gouvernement autrichien a tracées pour le cercle de l'Oberinnthal; c'est-à-dire, au Nord et à l'Ouest jusqu'à l'Inn, depuis Finstermünz, Prutz et Landeck, jusqu'à Imst et Sils. Le cours de la Sill lui servira de bornes à l'Est,

---

les caractères qui déterminent une moraine; l'élargissement subit de la vallée, depuis Bevers jusqu'à Madulein, me conduit à penser que c'était un des nombreux bassins écoulés que l'on rencontre sur le cours de l'Inn depuis la Maloja : il est donc probable que, si ces dépôts sont le produit originaire des glaciers, ils ont été tout au moins remaniés par les eaux.

tandis qu'au Midi il s'arrêtera à la vallée de la Venosta (Vintschgau). Les roches métamorphiques sont les plus nombreuses dans ce système, comme dans les Alpes rhétiques. Mais, tandis que ces dernières offrent un mélange de roches schisteuses avec des calcaires jurassiques, les gneiss, les granits, les schistes alternent seuls dans les rochers de l'Oberinnthal, et y dominent exclusivement.

Le système géognostique de cette contrée, présente outre des gneiss[1] et des micaschistes[2], une

---

1. L'examen des gneiss et des micaschistes de l'Œtzthal a confirmé, dans mon esprit, l'opinion que plusieurs géologues défendent depuis longtemps, savoir : qu'il n'existe pas de différence tranchée entre les deux roches ; qu'il y a entre l'une et l'autre des nuances insensibles, des transitions ménagées qui doivent les faire envisager comme les types extrêmes d'une même famille. Ce caractère d'extrème analogie se retrouve dans toutes les Alpes du Tyrol. Le schiste micacé devient d'autant plus quarzeux qu'il se rapproche davantage du gneiss, et celui-ci est plus riche en feldspath à mesure que l'on s'élève et que l'on s'approche du centre de la chaîne. M. de Humboldt a cherché l'explication de cette régularité dans l'existence d'une sorte de développement intérieur des parties constituantes des deux masses hétérogènes. La conséquence de ce principe est de produire la plus grande uniformité dans la direction des couches. Dans les Alpes, toutes les roches schisteuses sont orientées, hora 3-4. Cet homodromisme se retrouve dans toute la chaîne des Alpes de la Souabe et du centre de l'Allemagne, et M. de Humboldt l'a signalé dans les Andes de Caracas et de Venezuela (Essai sur le gisement des roches dans les deux hémisphères).

2. A l'entrée de l'Œtzthal (Dumpen) le gneiss a un aspect

formation remarquable, quoique subordonnée, d'un schiste à base d'hornblende. Il alterne avec les couches d'un schiste argileux, suivant une direction S. O. N. E. J'ai remarqué cette alternance sur le versant occidental du plateau, entre Ried et Prutz; plus loin, vers l'Est, le mélange de ces deux roches devient plus intime, et le phyllade domine le schiste d'hornblende. [1]

---

granulaire bien plutôt que schisteux. Le mica y est apparent et se trouve en lamelles ternes. Cette substance disparaît à mesure que l'on s'avance dans la vallée. Au delà de Zwieselstein, à l'entrée du Fenderthal (châlets de Winterstall), j'ai trouvé des blocs d'un gneiss verdâtre, où le mica, en paillettes noires de forme linéaire, se mêlait intimement à des cristaux d'un feldspath de couleur claire. Cette variété de gneiss existe encore comme roche en place, dans le Pitzthal, au Jöchli, au Rettenbach et dans la petite vallée de Winacher. Mais, à cet endroit, le gneiss forme avec un schiste d'hornblende une alternance qui m'a semblé singulière. La roche a un aspect damasquiné dont je n'ai jamais vu d'exemple (rocher du Gallruthskopf).

1. Le micaschiste est une des roches les plus variables de ce massif; tantôt il existe sans schistosité sensible, d'autres fois il présente de larges feuillets, d'où le mica se détache en lames noirâtres d'un éclat terreux. L'inclinaison des schistes est presque partout la même et ne s'écarte guère de 35 à 40 degrés (Engelwand dans l'Œtzthal). J'ai déjà dit que la proportion du quarz augmentait dans les micaschistes, à mesure que l'on se rapprochait de la chaîne centrale. — Le voisinage du schiste d'hornblende paraît exercer une action sensible sur la composition du *glimmerschiefer*. Les environs d'Umhausen sont les points les plus favorables pour étudier ces passages.

De toutes les vallées du Tyrol, celles qui naissent du plateau de l'Œtz et du Gebatscher, sont les plus riches en débris erratiques de toute espèce, moraines, blocs, roches striées. Les fragments dispersés sur les déclivités septentrionales de ce chaînon sont si nombreux et si variés, qu'il suffit au géologue de les examiner, pour acquérir la connaissance complète de la géognosie locale : gneiss, granit verdâtre, schiste à base de mica, d'argile ou d'hornblende, toutes les variétés sont représentées dans ces vastes dépôts qui couvrent la pente de l'Ochsengarten et le versant sud du Tschirgant.

A peine l'Inn est-elle sortie de l'Engadin, à peine a-t-elle dépassé, à Finstermünz, les rochers qui l'emprisonnaient, que son cours est arrêté par de puissantes collines, formées tout entières de débris erratiques. Ses eaux y ont péniblement ouvert un passage et serpentent autour de ces dépôts, sur lesquels sont bâtis Pfunds, Tösens, Ried et Prutz. — Si le premier aspect de ces moraines allongées peut les faire considérer comme des éboulements qui accompagnent les avalanches, d'autre part l'existence de nombreuses stries glaciaires sur les roches phylladiques des environs, fait bientôt abandonner cette opinion. Ce sont donc des moraines étalées, comme celles que l'on rencontre dans toutes les vallées étroites, et dont les pentes s'élèvent presque verticalement.

Les débris erratiques sont rares entre Prutz et

Landeck ; mais ils augmentent beaucoup dans l'espec,
de plaine que forme, près de ce village, la réunion
des vallées de Stanz et de l'Inn. On y trouve beaucoup
de blocs isolés et une sorte de limon glaciaire qu'il
faut attribuer à l'action d'un courant descendu des
montagnes du Vermund vers l'Est, jusqu'à l'Innthal.
Que l'on remonte, en effet, la vallée de Stanz jusqu'à
l'entrée de celle de la Rosanna, à Topatill, et l'on sera
effrayé de la quantité de blocs de gneiss et de mica-
chiste, qui sont entassés près du château de Weisstein.
Comme le volume de ces débris diminue depuis ce
point jusqu'à Landeck, il y a lieu de croire que ces
blocs, déposés sans doute par des glaciers dans la
vallée de la Rosanna, auront été repris par un courant
et dispersés ainsi sur toute l'étendue de ce parcours.

De Landeck jusqu'à Zams, l'Inn se trouve resserrée
entre les talus du Venetberg et les calcaires du Tawin :
les débris erratiques n'ont donc pas pu se maintenir
sur ce point; mais ils existent abondamment en deçà
et au delà du défilé. Dans la plupart des vallées que
j'ai parcourues, j'ai presque toujours remarqué que
précisément là où cessaient les stries, là aussi dispa-
raissaient les moraines et les blocs isolés. Cette conco-
mitance habituelle de ces deux phénomènes n'est pas,
je crois, l'effet du hasard; et l'appréciation que l'on en
fera doit avoir une influence marquée dans la décou-
verte des causes mêmes de l'époque erratique. Pour
moi, je crois que cette circonstance milite en faveur

des glaciers, bien plus qu'elle ne saurait leur être opposée ; car, comme on ne peut raisonnablement attribuer l'existence des stries à l'action des courants, il serait peu logique de reporter à ces mêmes courants la formation des dépôts voisins.

Les dépôts erratiques augmentent en nombre et en puissance, à mesure que l'on s'approche du Gurglthal et du bourg d'Imst. Mais pour se rendre un compte exact et complet de l'enchaînement et des rapports de ces différents dépôts, il faut avoir dépassé le versant oriental du Gross-Hanlis, et la pointe du Gungels-grün. De cette hauteur, on croirait voir disparaître l'Inn au milieu des collines ondulées qui partent des revers opposés de la vallée et semblent s'enchevêtrer si étroitement, que l'œil peut à peine en distinguer les contours.

Ces énormes accumulations sont dues à la réunion de trois vallées, le Gurglthal, le Pitzthal et l'Œtzthal, qui, sans doute, lors de la période erratique, ont donné passage à trois courants de glace.

Toutefois, l'origine de quelques-unes de ces collines n'est pas aussi facile à découvrir. C'est ainsi que l'on trouve au pied de la masse calcaire du Tschirgant, des moraines ondées, dont le sable et tous les fragments appartiennent à des gneiss, à des micaschistes, ou tout au moins à des roches primitives, dont la composition prouve nettement qu'ils proviennent de la chaîne centrale. Mais quelle puissance a pu les amener en cet endroit, comment les y a-t-elle entassées? Par quelles circonstances s'est dessiné le contour régulier de ce bizarre assemblage? Problèmes qu'il serait difficile de résoudre, si l'on n'admettait que la même cause qui a jonché de blocs les pentes de l'Ochsengarten a dû, sans doute, produire les moraines du Tschirgant. [1]

A mesure que l'on s'approche d'Innsbrück, les dépôts continuent à devenir plus nombreux et plus réguliers. Ils pénètrent profondément dans les vallées secondaires, dont les eaux affluent à l'Inn. Le Kanserthal, le Pitzthal, les vallées d'Œtz et de Stubai présentent des traces du phénomène erratique dans toute leur étendue et même jusqu'au pied des glaciers. Les deux premières sont riches en surfaces striées : on voit la plupart des couches de schistes à base de mica ou d'hornblende couvertes de petites lignes très-nettes et parfaitement parallèles. La teinte matte du gneiss ne permet pas toujours de distinguer clairement l'existence des stries sur les roches en place.

L'Œtzthal est, dans le massif que j'examine, une

---

1. Voyez de Charpentier, Essai, etc., 2.ᵉ partie, p. 264, et la gravure jointe au texte. Il est très-probable que les glaciers de l'Ochsengarten auront atteint le versant de Tschirgant, et y auront formé des moraines : puis, lors de la fonte des glaces, ces moraines, privées d'appui, abandonnées à l'action de la pesanteur, auront, sans doute, pris la forme que nous remarquons aujourd'hui.

des vallées les plus importantes, parce que les phénomènes erratiques y ont pris un développement prodigieux : roches polies, moraines, blocs erratiques, s'y rencontrent sous toutes les formes avec une étonnante variété.

En effet, après les petites moraines récentes qui se trouvent dans la vallée de Fend, on arrive à des dépôts plus volumineux, dont le contour est celui d'un cône aplati. Cette forme, et les stries profondes qui sont gravées sur les roches qui les dominent, démontrent assez que ces dépôts sont l'œuvre d'un glacier vertical ou du moins très-incliné, comme l'est aujourd'hui celui de l'Eisferner au Zwerchwand.

Plus bas, le confluent des eaux du Timble et du Gurglthal avec celles du Rofenach, a réuni beaucoup de matériaux d'alluvion, qu'il est facile de ne pas confondre avec les débris erratiques. En effet, tandis que ceux-ci sont anguleux, et ont un volume considérable, ceux-là sont d'une grosseur médiocre et presque toujours arrondis.

Les moraines se dessinent plus nettement à partir de Sölden et d'Umhausen, et finissent en s'amoncelant à l'entrée même de l'Œtzthal, où les inondations de l'Inn et l'action destructive des eaux du Rofenach les ont presque entièrement remaniées (Vallée de l'Inn).

Groupe de l'Unterinnthal.

Nous sommes arrivé à la partie orientale du Tyrol. La chaîne des Alpes, qui, jusqu'ici, ne nous avait présenté que des sommets inaccessibles, des plaines de neige, des masses de granit, s'abaisse peu à peu, et se lie, près de Kuffstein, à la chaîne calcaire du Nord. Si, de l'une des cimes de cette chaîne, l'on examine le relief de la contrée, l'œil se perd dans cette multitude d'anneaux secondaires, qui vont, en s'éparpillant, se perdre dans les plaines de la Bavière et de la Haute-Autriche. Quoique ces montagnes restent, pour ainsi dire, isolées les unes des autres, leur ensemble n'en est pas moins important à considérer, dans le point de vue qui nous occupe, en raison du développement remarquable que l'étendue des vallées a permis au phénomène erratique.

Ainsi que le groupe du Vorarlberg et celui de l'Œtz-thal, le cercle de l'Unterinnthal contient beaucoup de roches métamorphiques; mais, tandis que dans les hautes chaînes elles dominaient exclusivement, dans ce groupe on les voit se relier graduellement et intimement au terrain silurien du Zillerthal et aux calcaires de la chaîne du Nord.

Je ne comprendrai pas dans le cercle de l'Unterinn-thal toute l'étendue de pays que le gouvernement autrichien y a renfermée. Comme la chaîne secondaire du Nord a poussé au delà de l'Inn des rameaux calcaires, il semble plus naturel de borner l'étude des phénomènes erratiques de ce groupe aux limites du terrain silurien, et de réserver pour l'examen de la chaîne septentrionale tous les calcaires qui s'y rattachent. Cependant nous dépasserons, à l'Est, les limites politiques du Tyrol, afin de ne pas interrompre brusquement nos observations, et de pouvoir examiner les dépôts du Pusterthal jusqu'au delà de Walcher et du Gross-Glockner.

Si, comme je l'ai dit, vous gravissez les montagnes du Zamserthal et vous élevez jusqu'au plateau du Hoheferner; au milieu de la vaste étendue de montagnes qui se groupent autour de cette cime, vous parviendrez à distinguer trois massifs principaux, dont la direction est parallèle, et qui, bien que situés à distances inégales, s'échelonnent depuis le pays du Zillerthal jusqu'au Salzkammergut.

Le premier de ces massifs comprend l'ensemble des glaciers du Duxerthal, et s'élève au nord de la vallée de Zams; c'est le moins considérable des trois.

Des roches de gneiss[1] forment les crêtes arrondies

---

1. Le gneiss du Duxferner et celui de la chaîne du Zamsthal est riche en mica; cette substance s'y trouve en paillettes noires. Le feldspath y forme des nucelles de grosseur variable. La texture de la roche est serrée et compacte; on y rencontre çà et là des couches d'un schiste chloriteux (lieu dit Stillupengrund). Bien que l'hornblende n'ait pas dans ce groupe l'importance que

du Duxferner, de la Hohewand et du Birlberg; mais au-dessous de ces hauteurs on change de terrain : au gneiss succède un phyllade [1] très-micacé, qui se prolonge, avec quelques modifications, jusqu'aux environs de l'Innthal.

Je n'ai pas rencontré dans cet endroit de moraines importantes ou curieuses; la plupart y forment des monticules coniques ou des amas étalés, semblables à ceux de l'Œtzthal. Quant aux blocs erratiques, ils n'y sont pas communs non plus. On rencontre quelques blocs de thonschiefer, semés au hasard dans le Waltenthal. Leurs surfaces sont polies et striées de cannelures très-nombreuses, minces et peu profondes. Toutefois, en examinant le relief des vallées de Schmirn et de Falser, et plus bas le Wipthal dans lequel les

---

j'ai signalée parmi les roches métamorphiques de l'Œtz, elle se retrouve au Rothkopf, à Greiner, etc. La diminution, et quelquefois même l'absence complète de cette roche, ne semble-t-elle pas un indice assez significatif de l'abaissement et du terme de la chaîne; d'autant plus que, dans les *hornblendschiefer*, le mica domine de beaucoup l'hornblende?

1. Le phyllade, dont nous parlons ici, appartient aux roches métamorphiques : cette contrée en présente plusieurs variétés. L'une d'elles est fortement micacée, et, à voir son aspect nacré, la mince épaisseur de ses feuillets, on serait tenté de la confondre avec un micaschiste. On peut suivre le développement de cette roche dans les vallées de Dux, de Schmirn, à Navis dans le Waldenthal. Aux Alpes Lizum, ce phyllade est un véritable schiste ardoisier.

deux premières se réunissent, il est facile de s'assurer que, si l'époque erratique n'a pas, dans les autres vallées, laissé de traces visibles de nos jours, elle n'en a pas moins profondément modifié le relief, et changé la physionomie.

Le Pfistcher-Joch relie les montagnes du Duxferner au second et au troisième massif, placés en arrière, et qui s'étendent du Sud-Ouest au Nord-Est, à peu de distance l'un de l'autre, jusqu'au delà des limites du Tyrol. Les sommités de ces deux chaînes sont composées de gneiss. Mais si, dans le Duxferner, cette roche n'avait que peu d'importance; ici les limites en ont été rapidement reculées, et nous en pouvons suivre le développement dans les vallées de Zams, de Stillup, au Zillergrund, dans le Gerlosthal, et même jusqu'à l'entrée du Zillerthal, formé par la réunion de toutes ces petites vallées. Il est une circonstance dont la rencontre, dans le système des trois massifs, paraîtra singulière : c'est qu'une large bande, je dirais presque un terrain, formée d'un calcaire compacte, sépare le thonschiefer du gneiss, et s'appuie sur ce dernier.[1]

En descendant le Zillerthal, on aperçoit d'abord

_____

1. Ce calcaire se présente tantôt en lits minces dispersés çà et là, tantôt en couches régulières, souvent superposées au micaschiste (Wipthal). Dans ce cas, le calcaire a l'aspect schisteux, une couleur de gris-bleu foncé, quelquefois claire et presque blanche. La plus grande affinité règne entre ce calcaire et le phyllade primitif du Waltenthal. Il existe une variété cu-

ce thonschiefer fortement micacé, que je signalais dans le Duxerthal. Les roches de Gaukragen et de la partie inférieure de la vallée, sont moins riches en mica que les précédentes ; l'argile leur donne un aspect terreux.

Les dépôts réguliers de fragments erratiques commencent dès les environs du Zamserthal ; de nombreux exemples de roches striées les accompagnent. Leur forme a presque toujours la plus grande analogie avec celles du Fenderthal, c'est-à-dire, que les moraines étalées se trouvent seules dans les vallées étroites de Flötenbach et de Stillupengrund, et s'y confondent le plus souvent avec les ruines produites par les avalanches.

---

rieuse de ce calcaire, qui se trouve disséminée en couches minces au milieu du phyllade : sa couleur est brun-rouge. Elle est formée d'un calcaire très-cristallin, mêlé de mica et riche en fer spathique et quarzeux. Cette espèce présente le plus grand intérêt pour les richesses métalliques qu'elle renferme (fer et cuivre). Je joindrai à cette note quelques détails sur la dolomite de Gschnitz et d'Obernberg, et le marbre de Burgstall, que sa blancheur éclatante ferait rechercher des statuaires, si sa structure était plus compacte. Je recommanderai surtout l'examen des roches du Sendthal, où l'on peut, mieux que partout ailleurs, étudier les points de transition entre le calcaire et le micaschiste. L'inclinaison presque horizontale des couches schisteuses près du calcaire, ainsi que l'horizontalité des schistes calcaires donne la certitude que le calcaire a traversé les schistes micacés préexistants, et s'est étalé en calotte sphérique au-dessus d'eux.

Ce n'est guère qu'aux environs de Zell que l'on trouve les premières moraines coniques dont les caractères puissent démontrer l'origine. Leur direction est presque toujours parallèle à l'axe de la vallée, et l'on ne remarque en ces dépôts aucune trace de stratification. Beaucoup des fragments qui s'y trouvent, sont arrondis, quelquefois striés; leur volume diminue à mesure que l'on s'éloigne de la vallée. Cette observation pourrait faire douter un instant de l'origine glaciaire de ces collines, si, d'autre part, la nature des blocs, leur disposition, ne militaient pas en faveur de cette opinion.

A la jonction du Zidenthal, du Finstingbach avec la vallée de Ziller, se trouvent de vastes dépôts ondés qui, vu le peu d'importance de ces dépressions, n'ont jamais pu être l'effet de courants. Les premiers dépôts stratifiés se trouvent aux environs de Fügen et de Schlitters : ce sont des collines concentriques, disposées sur une assez vaste circonférence.

L'examen de leur stratification doit les faire rapporter à cette variété de moraines dont parle M. de Charpentier, et dont l'ensemble constitue *le terrain erratique stratifié*. (Essai, etc., page 135.)

Chaîne secondaire du Nord.

La chaîne secondaire qui s'étend au nord de la ligne centrale des Alpes, depuis Bregenz (Vorarlberg) jusqu'à Kuffstein et Mittelwald (Unterinnthalerkreis), est, en majorité, formée de calcaire; elle réunit toutes les nuances des roches, qui appartiennent à la formation du trias et au terrain jurassique.

La cime de ces montagnes forme la ligne de partage entre les eaux qui tombent dans l'Inn, et celles qui vont directement au Danube, et suivent le versant septentrional de la chaîne.

A l'Ouest, les rives de l'Alfenz et le Klosterthal séparent ce massif de celui du Vorarlberg [1], tandis que

---

1. Rien de plus difficile que de classer méthodiquement les roches calcaires du Vorarlberg et des environs de Füssen et d'Oberndorf. Les commissaires chargés par l'Institut géologique d'examiner les roches du Tyrol, ont réuni ces calcaires en trois groupes principaux : 1.° un calcaire grenu, épais, accompagné de roches schisteuses. Cette variété domine sur la rive gauche de l'Alfenzbach depuis l'Arlberg jusqu'à Dalaas. L'aspect schisteux d'une variété de calcaire, qui se superpose au premier, est assez bizarre. Leur ensemble forme deux espèces de strates : l'une épaisse, foncée, le calcaire; l'autre, plus mince, d'une couleur presque noire, semble être un phyllade. De temps à autre d'étroits filons de spath calcaire traversent ces roches dans des directions presque parallèles (Feldkirch, Stuben, prairies du Lüner-See, Rellthal, Ragaz près de la Tamina). 2.° Un calcaire compacte, ordinairement superposé au premier, sans aucune trace de schistosité : il est d'une couleur claire; des veines de spath calcaire le traversent aussi, mais elles y sont plus nombreuses, plus larges et plus brillantes. 3.° Un calcaire d'apparence dolomitique; l'aspect en est mat, d'un jaune brun, d'une cassure inégale (Mittagspitze, Gauer et Gampaderthal).

le cours de l'Inn borne la chaîne au Sud jusqu'à Kuffstein.

Cette chaîne calcaire comprend beaucoup et d'importantes vallées; elle renferme des débris erratiques fort nombreux. Quelques fragments de roches primitives, épars au milieu de blocs calcaires, rappellent celles des glaciers de l'Œtzthal et du Stubai.

Ces dépôts se trouvent en grand nombre sur le versant septentrional. Ils se composent, presque entièrement, de fragments d'un calcaire compacte, souvent dolomitique. Leur forme est plus allongée que celle des dépôts de la haute chaîne : ce sont comme des Åsars ou des digues de cailloux, à sommet aplati, à pentes abruptes.

Souvent, il est difficile, comme dans le Klosterthal, de distinguer les blocs ou les dépôts vraiment erratiques de ceux que forment les eaux de l'Alfenz. La vallée du Lech pourrait être encore citée comme exemple du mélange des blocs d'un calcaire noirâtre, avec des blocs venus de la chaîne du Stanzkogel. La partie orientale de la chaîne du Nord appartient aussi à la formation du calcaire grisâtre compacte; mais on y rencontre des gisements d'un autre calcaire mêlé d'argile [1], et des bancs de marne calcareuse [2]. Cette même formation se retrouve à Kuffstein ; elle est

1. Gleierschthal, Lafatsch-Joch, Scharniz.
2. Un banc de cette roche s'étend de l'Est à l'Ouest, depuis Schnaiter jusqu'au Widum de la vallée du Risbach.

subordonnée au calcaire gris compacte de la rive gauche de l'Inn, et contient quelques gîtes de houille (Häring). Vers Brixen, et non loin de Kitzbüchel, on passe à la formation du trias, représentée par un grès bigarré et quelques marnes, et surtout par un grès rouge grossier, auquel sont subordonnés un calcaire rougeâtre et des conglomérats de grès.

La vallée de Kitzbüchel contient beaucoup de dépôts, qui semblent d'origine erratique. Une stratification assez nette se fait remarquer dans les collines qui se trouvent au delà de Kitzbüchel, à l'entrée du Brixenthal; elles se composent de fragments phylladiques fortement micacés, de micaschistes et d'un calcaire cristallin parfaitement semblable à celui que l'on trouve au Küh-Kaiserberg et au Thurmpass. Le sol de la vallée est encore jonché de débris anguleux assez considérables, surtout aux environs du Jochberg. Plus loin la culture et l'action des eaux du Kitzbüchelbach ont fait disparaître ces débris erratiques.

Je ne me souviens pas avoir vu, dans cette vallée, de roches en place nettement striées; elles sont nombreuses, au contraire, sur le versant méridional du Passthurm, près de Mittersill. Presque toutes se trouvent sur un phyllade assez remarquable, que les ingénieurs des mines de Halle appellent un *Thonglimmerschiefer*.[1]

1. Voyez les Mémoires publiés par la direction des mines de Halle. Innsbrück 1842 (Compte rendu de la séance solennelle de l'Institut géologique du Tyrol, 1843).

Le Pinzgau, qui forme notre limite entre les montagnes
de l'Unterinnthal et la chaîne calcaire secondaire,
offre un développement extraordinaire du phénomène
erratique. Tous les géologues connaissent, de réputa-
tion au moins, le Steinerne Meer, près de Saalfelden
(Mittler-Pinzgau) : c'est le plus vaste plateau semé de
débris erratiques; ils y sont entassés dans les positions
les plus bizarres, et quelques-uns sont descendus jusqu'à Saalfelden même. Les environs de Leogang et du
Zellersee, présentent aussi des moraines, des roches
striées, qui viennent toutes de la chaîne du Slemner-
berg (terrain de transition). Le Pinzgau proprement
dit, n'est que le bassin d'un ancien lac, auquel devaient
aboutir les glaciers du Stubach, de l'Ammerbach-
thal, etc. La plupart des blocs qui s'y trouvent appartiennent aux roches métamorphiques; ce sont des
schistes micacés quarzeux ou chloriteux, des calcaires
très-cristallins, des gneiss, dont quelques-uns sont
riches en feldspath et passent au granit. Les roches
en place, polies et striées, sont abondantes, surtout
sur la rive droite de la Salza.

Chaîne secondaire du Midi.

Cette partie du Tyrol a été l'objet d'intéressantes
études, touchant la formation des dolomies, et l'influence des porphyres adventifs sur les calcaires et les
roches déjà formées.

Je n'insisterai pas cependant sur la composition géologique des montagnes qui, du Brenner, s'étendent jusque dans le Vicentin et le pays de Feltre. Je ne saurais donner des détails sur l'état de la formation erratique, dans les vallées de Fassa, de San Pellegrino, de Livinallongo, ne les ayant visitées que rapidement. J'ai lieu de croire, cependant, qu'elles sont peu importantes à cet égard. Il n'en est pas de même du val Sugana, qui, de Trente, s'étend à Primolano.

Ainsi que le Pinzgau, le val Sugana est le bassin d'un ancien lac fort étendu, dont les petits lacs de Levico et de Caldonazzo ne sont que les derniers restes. Les montagnes, avoisinant cette vallée, sont presque toutes calcaires (calcaire coquillier), au moins celles du Sud; souvent ce calcaire passe à la dolomie.[1] Au nord de Caldonazzo, le schiste micacé, le porphyre rouge quarzifère, puis le granit (Cima d'Asta), sont les roches dominantes du revers de la Mendana et de la Quarazza.

Les environs de Pergine sont couverts de dépôts coniques, formés de nombreux fragments de schiste micacé et de porphyre, qui viennent des montagnes

---

1. Monte Scampia, Campo Mondriolo, Cimo di Portole, Monte Toro, Monte Grigno, etc. Voyez sur le système de ces vallées le beau travail de M. Léopold de Buch, publié dans le *Jahrbuch*, etc., 1822. — L'ouvrage de M. Petzholdt. — Les Mémoires de la direction des mines de Halle, publiés à Inusbrück, 1844, etc.

situées plus au Nord. Le village de Susa est bâti sur l'une de ces moraines. Les bords du lac de Caldonazzo sont encore jonchés de blocs de dolomies, qui sont descendus probablement de la Cima di Portole. [1]

La majeure partie de ces amas est située sur la rive gauche de la Brenta [2]. Presque tous ont pris la forme étalée, et sont composés de fragments granitiques, entassés pêle-mêle sans aucune stratification. Il est facile de s'en assurer en parcourant les principaux points de la vallée et surtout la route de Trente à Padoue. Car elle coupe plusieurs de ces dépôts par le milieu, et permet d'en étudier la structure : les blocs striés et polis y sont fréquents. Les bourgs de Levico, de Novaledo, de Castelnovo, d'Ospedaletto, sont assis sur ces collines erratiques. Il existe aussi

---

1. J'oubliais d'indiquer les dépôts considérables qui bordent les deux rives de l'Eisach et qui remplissent la vallée de Pfersch. On les suit sur la route du Brenner, depuis Strassberg et Sterzing jusqu'à Brixen. Ces moraines ressemblent beaucoup à celles de l'Inn. Vous y trouverez des gneiss, des micaschistes, et des fragments de ce calcaire cristallin, dont j'ai signalé les caractères. Le plus grand nombre de ces moraines se trouve aux environs de Mittewald; la citadelle de Brixen, le Franzensfeste, est bâtie sur une semblable colline extrêmement aplatie.

2. Il y en a cependant quelques-uns sur la rive gauche, comme à Santa-Julia près de Borgo, mais ils ne sont pas considérables, et l'excessive inclinaison des rochers, dans cette partie de la vallée, n'a pas permis aux dépôts erratiques de s'y maintenir et d'y acquérir une grande hauteur.

beaucoup de roches striées aux environs de Carzano, d'Ospedaletto, de la Rocca et sur les rives du Cismon.[1]

---

1. Les rives de la Piave entre Belluno et Cesana, et les environs de Feltre et de Fonsasco, contiennent un développement de dépôts extrêmement curieux. Ce sont d'énormes collines composées pour la plupart de galets arrondis, rarement striés, et que j'ai tout lieu de croire d'une origine diluvienne. Ces collines sont en nombre prodigieux; elles occupent souvent un espace de deux à trois lieues, comme entre Villabruna et Zermen, ou bien entre Sospirolo et Limana, près de Belluno. Une multitude de torrents traversent cette contrée, et se jettent tous dans la Piave. Je regrette de n'avoir pas pu examiner plus en détail cette formation singulière.

CHAPITRE IV.

ÉCOULEMENT DU LAC DE ROFEN. — DÉTAILS HISTORIQUES.

Je suis arrivé au chapitre le plus curieux de ce travail, celui auquel se rapportent tous les autres, et qui a été comme l'occasion de quelques changements que j'ai cru devoir introduire dans la théorie des glaciers et dans l'explication du phénomène erratique. On a déjà pressenti que je voulais parler de l'inondation soudaine qui a ravagé l'Œtzthal au mois de juin dernier.

Les causes de cette irruption sont plus générales qu'on ne pourrait le croire, et, bien que cet événement ait été resserré à un espace très-circonscrit, les conséquences qu'il fait naître trouvent leur application dans plus d'une contrée du Tyrol : les temps ne sont pas loin, où des pays entiers ont vu consommer leur ruine par la cause même qui a bouleversé l'Œtzthal.[1]

---

1. Prévu depuis longtemps, cet envahissement des glaces avait été l'objet de sérieuses et patientes observations. C'est au zèle des géologues d'Innsbrück que l'on doit des détails circonstanciés sur la marche de ce phénomène, dont ils ont été les témoins assidus. Au reste, j'examinerai par la suite (chap. V) les vallées du Tyrol dont la conformation autorise à admettre l'existence d'anciens lacs détruits par de semblables catastrophes.

Le chapitre précédent a été consacré à l'examen des groupes principaux de la chaîne des Alpes. Nous avons vu le massif des glaciers de l'Œtz compter au nombre des plus importants par sa hauteur et ses vastes proportions. La vallée de l'Œtz en est le principal débouché; c'est le canal par lequel les eaux du glacier vont se rendre à l'Inn.

Cependant il y aurait erreur à conclure de là, que la vallée de l'Œtz elle-même, prenne naissance au pied de la montagne. Elle se divise, en effet, en deux parties, que la nature a nettement séparées, savoir : la principale, qui commence à l'Inn et remontant le cours de l'Œtzthaler-Ach, finit à Zwieselstein, 63 kilomètres plus bas. Voilà l'Œtzthal proprement dit. La partie accessoire se bifurque à partir de ce dernier point, et forme ainsi le vallon du Gurglthal au sud, et le Fenderthal à l'O. S. O. Cette seconde portion s'étend jusqu'aux glaciers, et nous devons nous y attacher spécialement.

Faut-il annexer à ce système le col de Timble, qui va se terminer au Kaiserhaus, dans le val de Passeyer? Quelques géographes l'ont fait; mais les rapports qui l'unissent avec les cimes orientales de l'Œtz ne sont pas intimes, et, en outre, cette complication serait inutile, nuisible peut-être à l'intelligence de notre sujet. Je ne m'en occuperai donc pas.

Je ne m'arrêterai pas davantage à l'exposition détaillée de la minéralogie de l'Œtzthal. Il y a, je crois,

dans les remarques du chapitre précédent, tous les
éléments nécessaires à la connaissance exacte des roches
de cette partie du Tyrol. [1]

La vallée de Fend, dont nous parlions tout à l'heure,
est étroite et sauvage. Des glaciers l'environnent de
toutes parts, et du milieu de ce vaste amphithéâtre
on voit s'élever, comme autant de pyramides étince-

---

1. Rappelons en peu de mots que les montagnes de ce massif
présentent beaucoup de roches cristallines, que celles-ci appartiennent même tout entières aux terrains métamorphiques. J'y ai
vu, au reste, l'application de la théorie trinaire des roches, que
M. Russegger a démontré exister pour le Tauern, dans le Pinzgau,
et qu'il croit commune à tout le Tyrol. La première partie de
ce système, les roches schisteuses, micacées ou argileuses, s'é-
tend sur un tiers de la vallée et domine jusqu'à Umhausen. Plus
bas, vers Zwieselstein, on trouve la deuxième partie, les gneiss
et les roches amphiboliques. Enfin, les granits arrivent jusqu'aux cimes des glaciers; c'est la troisième partie. Cette théorie
n'est, du reste, pas nouvelle; M. de Humboldt l'a reconnue lorsqu'il étudiait les Andes de Quindiù, de Caracas et de Venezuela (Essai sur le gisement des roches dans les deux hémisphères, pag. 75). Elle offre quelque certitude dans les Alpes
du Tyrol; car dans toute montagne de ce pays, si les sommets
sont formés de granit, les vallées seront invariablement composées de schistes micacés ou phyllades (Plateau de l'Œtz,
Fermont dans le Montafun, Ortels-Spitz, etc.). Les crêtes, au
contraire, sont-elles de gneiss, soyez assuré que les vallées
appartiendront au terrain de transition et même au calcaire
jurassique (Cimes du Duxthal, du Ziller, système de l'Unter-
innthal).

lantes, les cimes blanchies du Gross-Œtzthaler-Ferner
(3291^m), du Nieder-Joch (3536^m), du Wildspitz
(3521^m), du Schrofwand (3507^m), du Gebatscher
(3080^m), etc.

Un torrent impétueux et quelquefois très-considérable, remplit presque toute la largeur de la vallée.
C'est le Rofenach, qui, après avoir reçu les eaux du
Spiegler et du Gurglthal, traverse jusqu'à l'Inn la
longue vallée de l'Œtz.

Sur la rive droite, un rocher de gneiss se dresse
verticalement du milieu des ruines qui jonchent le
sol, s'étend fort loin, et comme une gigantesque
muraille, sert d'épaulement à la chaîne du Grossjoch;
on le nomme le Zwerchwand.

A gauche, des collines, couvertes de prairies humides, s'adossent aux rochers du Gebatscher et,
s'échelonnant les unes au-dessus des autres, attei-
gnent ainsi la limite des neiges éternelles. On voit
une multitude de petits filets d'eau sourdre de
cette terre argileuse, et descendre sur la croupe
des collines, dans les canaux qu'ils se sont creusés. [1]
Mais, de temps à autre, rongées par les eaux, la-
bourées par les avalanches, ou soulevées par les
glaciers, ces fentes se distendent, s'élargissent énor-
mément, et deviennent des crevasses béantes, que

---

1. Voyez à la fin de ce chapitre les conséquences que l'on
peut tirer de ce fait.

les montagnards suivent pour arriver aux *Ferner* [1] les plus élevés.

Le chemin qui de Rofen conduit au Hochjoch, traverse un de ces vallons. On l'appelle le Vernagt-thal.

Par sa position et à l'égard des montagnes qui le dominent, ce n'est, à vraiment parler, que le talus, le prolongement incliné de la chaîne supérieure [2]. Les ouragans de l'hiver, balayant la surface de ces plaines glacées, en soulèvent d'épais tourbillons de neige, et, des régions supérieures, les précipitent dans cet abîme, les y accumulent et les entassent. Ces immenses monceaux, sans cesse ravagés par les avalanches, s'affaissent sous leur propre poids, se durcissent, se congè-

---

1. *Ferner*, en Tyrol, a le sens de *Gletscher* dans la Suisse. C'est un glacier élevé, un Haut-Névé. De là Œtzthaler-Ferner, Gross-Joch-Ferner, etc.

2. Le sommet du Schalfkogel est, je crois, avec l'Œrtels-Spitz, la cime du Tyrol d'où l'on aperçoit le mieux l'enchaînement des principales vertèbres des Alpes. Le spectateur y peut embrasser d'un coup d'œil toute son étendue, depuis l'Œrtels-Spitz, dans l'Engadin, jusqu'au Venediger et au Gross-Glockner sur les frontières de la Carinthie. Il touche de la main, pour ainsi dire, le Guslar, le Hochferner, le Wildspitz, le Platteikogel, le Hangenderberg, etc. Toutefois l'ascension de cette montagne n'est pas facile, la rapidité du talus du Wildspitz et du Schwarzberg, les épouvantables précipices, les roches branlantes du Schalfkogel, exigent une grande habitude de cette espèce d'excursion, et plus encore la pratique des glaciers.

lent, et forment bientôt une masse capable de résister aux chaleurs de l'été. [1]

Dans les années dont la température est normale, les glaces se maintiennent derrière les rochers de la Scheidewand. [2]

Dans ce cas il est impossible à l'observateur, placé au fond de la vallée de Rofen, de soupçonner, près du Guslar, l'existence d'un glacier : mais s'il gravit la croupe du Platteiwand, il apercevra très-bien les assises séculaires du Rofen-Vernagt, et les trois moraines frontales qui s'appuient contre les rochers.

Que l'hiver, au contraire, soit neigeux, que l'été se présente froid et humide ; alors les progrès du glacier, loin de diminuer, augmentent : il s'avance, déborde ses limites, et marche vers la vallée, jusqu'à ce qu'une barrière infranchissable, un obstacle invincible l'arrête, le force à se dresser et à se replier sur lui-même.

Si l'on en croit les historiens allemands, d'accord au reste avec les traditions du pays, les deux glaciers

---

1. Une double paroi de rochers borne cette vallée, au Nord et au Sud, et ne laisse, dans le milieu, qu'un espace assez étroit, où coule le Vernagtbach. Au-dessus de ces deux murailles, les pentes du Plattenberg, au Nord et du Guslar, au Sud, s'élèvent doucement jusqu'au rocher de l'Hinter-Grasslen (voyez la carte ci-jointe). Ainsi que nous l'y avons indiqué, l'inclinaison de la vallée, qui d'abord est de 24°, tombe à 19°, et finit à 5° près du Zwerchwand.

2. Voyez la carte ci-jointe.

(le Rofenthalerferner et le Vernagtferner). seraient
d'une date assez récente et ne remonteraient pas au
delà du xiii.ᵉ siècle[1]. Mais depuis cette époque ils
n'ont cessé de menacer Rofen de leurs envahissements
soudains.

On peut porter à cinq le nombre des périodes
d'irruption dont l'histoire a conservé le souvenir.
L'extrême similitude, la parfaite concordance des
récits que font les Tyroliens de chacune de ces catastrophes, m'a paru provenir d'une cause plus générale,
plus persistante que le hasard. Ce soupçon a été entièrement confirmé dans mon esprit par les recherches
que des personnes instruites m'ont aidé à faire dans
les archives du Tyrol à Innsbrück.[2]

---

1. Consultez à cet égard l'ouvrage de Walcher, professeur de
mécanique à Vienne : *Nachrichten über die Eisberge in Tyrol,*
1773. Vienne, Leipzig et Francfort. L'auteur a été témoin de
l'irruption de 1772, et il a eu à sa disposition les archives de
Sölden et d'Innsbrück. — J'aurai plus d'une fois l'occasion de
mentionner l'histoire du Tyrol par Jean Kuen. — Consultez aussi :
Voyage d'Hargasser, en 1821, à Sölden et Zwieselstein. *Allg. Bot.
Zeitung,* 1825, p. 435 et suiv. Le compte rendu de Zucarini,
dans le même recueil, 1823, p. 573; et 1824, p. 257 et suiv.
Notices géologiques sur la vallée de l'Inn et de l'Œtz, d'Aloïse
de Pfaundler (*Beiträge zur Geschichte, Naturkunde, etc., in Tyrol,*
tom. 1, 1825). Édouard de Badenfeld : Quelques mots sur l'Œtzthal. Messager tyrolien, 1825, n.ᵒˢ 93-101. Même Journal, 1839,
n.ᵒˢ 96-98.

2. Je ne saurais assez remercier mon ami, M. le D.ʳ Stotter,
secrétaire de l'Institut géologique d'Innsbrück, des renseigne-

Malgré tous mes efforts, il ne m'a pas été possible de connaître la marche du glacier avant la fin du XVI.e siècle. Les annales de 1599 offrent le premier document certain sur le Rofen-Vernagt [1]. A cette époque il dépassa les rochers d'*Im hintern Grasslen,* descendit dans la vallée avec une rapidité toujours croissante, et ne s'arrêta qu'en 1601, contre la paroi du Zwerchwand. Les eaux des montagnes voisines, retenues dans leur cours, s'amassèrent; et il en résulta une sorte de lac, dont les efforts creusèrent la digue et ouvrirent aux eaux une large issue.

---

ments qu'il a bien voulu me fournir, et que la science profonde de ce géologue et sa parfaite connaissance des localités rendaient extrêmement précieux. Je le prie de recevoir ici un témoignage public de ma reconnaissance.

1. Jean Kuen laisse supposer qu'avant 1599 on était déjà accoutumé à la marche du Rofen-Vernagt. Voici ses expressions : *Erstens ist es zu wissen, dass anno* 1600, *wie man von unsern Vorältern gehört, so ist der grosse Ferner hinter Rofen,* nachdem derselbe sich seiner natürlichen Gewohnheit nach *in das Thal herunter gesetzt, am Pfingsttage vor Jakobi obbemeldeten Jahrs ausgebrochen, hat, durch das Œtzthal hinaus, an Feldern grossen Schaden gethan, die Wege und Strassen ruinirt, und alle Brücken weggenommen.* — « Sachez d'abord qu'en l'année 1600, ainsi que nous l'ont appris nos pères, le glacier de Rofen, qui se trouve derrière ce village, est descendu, *selon sa coutume,* jusque dans la vallée, et le jeudi avant Saint-Jacques de l'année précitée, la digue s'est crevée et le torrent a causé dans la vallée de l'Œtz les plus grands dommages aux champs et aux maisons, a ruiné les chemins et les routes et a emporté tous les ponts. »

En 1677, le Rofen-Vernagt, qui s'était retiré lentement, recommença sa marche déclive; mais cette fois la vitesse en fut plus effrayante que la première. Le glacier ne mit qu'une seule saison (90 jours) à parcourir la distance de 1200 mètres; le Rofenthal fut entièrement comblé, et le passage des eaux resta intercepté jusqu'en 1681.

Le lac de Rofeneis, qui s'était formé de nouveau, gela en partie durant l'hiver; mais aussitôt la fonte des neiges, sa surface fut hérissée de nombreux radeaux de glace, qui tous allaient s'échouer contre la digue.[1] Sa rupture eut lieu le 17 juillet, et fut accompagnée, dit un historien, de brouillards fétides, sulfureux, d'épaisses fumées, qui obscurcissaient l'air et répandaient dans la vallée une odeur insupportable.[2]

---

1. *Seine Oberfläche war mit ungeheuern Eistrümmern bedeckt, die vom Winde getrieben herumschwammen* (Rapport de Ramblmayr, archives de Sölden).

2. Cet historien est l'ingénieur Ramblmayr, nommé commissaire par le gouvernement central pour suivre les progrès du glacier. Il nous en a donné les dimensions exactes. Le Rofen-Vernagt avait, dit-il, 4000 pas de largeur et 300 de longueur dans le sens de l'axe de la vallée. Les eaux du lac se vidèrent en 1678, *völlig und erschrecklich mit vorhangendem stinkendem Nebel, mit Sausen und Brausen.* Les glaces se reformèrent toutefois en 1679 et la digue augmenta en de telles proportions, qu'elle atteignit l'énorme hauteur de 240 à 300 mètres. Nouvelle inondation en 1681. Le torrent des eaux chariait avec des débris de maisons et des troncs de sapins, des lambeaux de forêts, des rochers

Après cet évènement, il fallut au glacier une nouvelle période de repos. Il se retira derrière la Scheidewand, et y resta quatre-vingt-dix ans stationnaire. [1]

Nous voici à la troisième période : elle commence
en 1770 et se termine au printemps de 1772. Cette
époque est plus rapprochée de nos jours; aussi le

énormes, qui se heurtaient avec les glaces errantes dont j'ai
parlé. Plus de 60 personnes périrent dans cette catastrophe, et
des troupeaux entiers furent entraînés et noyés par les eaux.

1. Voyez la carte de Tyrol de Burglechner, faite en 1712. — Il
marque la position du glacier de Rofen-Vernagt, derrière l'arête
Im hintern Grasslen, et indique le vallon de Guslar comme étant
cultivé. — Je ne puis résister au désir d'établir un parallèle curieux
entre le lac du Rofen-Eis, ainsi que le glacier qui l'a formé, dans
le Rofenthal, et le lac du Gurgleis au pied du grand glacier de
l'Œtzthal. Les détails que je vais énumérer sont presque tous
empruntés aux documents des archives de Sölden et d'Innsbrück.
Je les dois à l'obligeance de M. le docteur Stotter.

Si les effets de la marche du glacier de l'Œtzthal ont été semblables à ceux du Rofen-Vernagt, la cause de leurs progrès est
bien différente. L'extrémité du glacier de l'Œtzthal s'étend si loin
dans l'axe de la vallée appelée Langthal, qu'elle entrave souvent
l'écoulement des eaux qui s'échappent des vallées voisines. En
1717, les eaux du Gurgleis s'écoulèrent rapidement dans l'Œtzthal, et détruisirent de nouveau ce que les habitants avaient si
péniblement reconstruit, depuis la débâcle du Rofeneis en 1680.
A ce moment l'étendue du lac de Gurgleis était de 1000 mètres
environ sur une largeur de 500 mètres, et une profondeur
moyenne de 50 à 60 mètres. Une commission se réunissait à
Sölden, pour examiner les lieux, quand le lac s'écoula dans la
nuit du 29 au 30 juin. — En 1770, nouvelle période de crue

rapport de la commission est-il plus riche de faits et de considérations théoriques. Les détails qu'il donne diffèrent peu, du reste, de ceux de la marche précédente; mais les commissaires observèrent, pour la première fois, la couleur terne et singulière de la glace, son aspect ruiniforme et les différences marquées qu'elle présentait avec celle des autres glaciers.[1]

---

pour le glacier; l'OEtzthal-Ferner avait complétement barré la vallée. Le lac avait alors 3000 mètres de longueur, 480 mètres de largeur et 60 mètres de profondeur. La hauteur des glaces dépassait 300 mètres. Kuen dit que les glaces de l'OEtzthal-Ferner différaient beaucoup de celles du Rofen-Vernagt. *Erst ist es zu wissen, dass dieser alte Ferner, von hart und glatt Eïs ist, hingegen der zu Rofen, war ein neu gewachsener Ferner, und also ganz mürb, und auch nicht so breit'und stark wie dieser, dahero mag nun Ursache sein, dass dieser dem Ausbrechen nicht so unterwürfig wäre wie der zu Rofen.* « Sachez que ce vieux glacier était formé d'une glace dure et unie, tandis que celui de Rofen était un glacier nouvellement accru, par conséquent, tout à fait mou, et pas si large ni si fort que le premier. De là vient que sa rupture ne causa pas autant de dommage que celle du Rofen-Ferner. » En général, les glaciers du Gurglthal n'offrent rien de particulier. Voici quelques années qu'ils s'accroissent lentement et descendent déjà dans la vallée.

1. En 1770, le bruit s'était répandu que le glacier du Rofenthal montrait les symptômes précurseurs d'une irruption. Toutefois la chaleur de l'été, dit Walcher (déjà cité), dissipa cette terreur; mais ce ne fut pas pour longtemps : car, dès l'hiver, le Rofen-Vernagt descendait dans la vallée avec une vitesse de 40 mètres par semaine. Le ruisseau du Vernagt disparaissait par intervalles, et le Rofenaach chariait d'énormes blocs

Ce fut un chasseur de chamois, Nicodème Klotz, qui s'aperçut le premier, en 1840, de l'augmentation des glaces du Rofenthaler Ferner. Des symptômes infaillibles trahissaient une tendance semblable, dans le Hoch-Vernagt-Ferner. Durant l'hiver, ce montagnard s'efforça vainement à découvrir les allures des glaces; elles semblaient rester immobiles sous l'épais manteau de sable et de débris qui les recouvrait. Avec les chaleurs de l'été on vit diminuer le Rofen-Vernagt, et tout rentra dans l'ordre accoutumé.[1]

de glace : *welche grosse Eisstücke mit sich in das Bette der Aache führte. Diese Trümmer hemmten zwar etwas den Lauf derselben, jedoch nicht völlig* (Walcher, *op. cit.*). Le fracas que faisaient ces masses en tombant dans l'Aach, était continuel. Le professeur Walcher fut envoyé comme un des commissaires et arriva le 27 juin 1772 au pied du glacier. Il avait alors 1600 mètres de largeur. Sa hauteur, au-dessus du sol, était d'environ 50 mètres : il lui restait encore 400 mètres de terrain à parcourir pour atteindre le Zwerchwand. La glace était schisteuse, d'un aspect sordide; des sables et des cailloux en couvraient toute la surface. On doit, dit Walcher, attribuer les progrès de ce glacier à la masse des neiges, jointe à la chaleur terrestre et surtout à l'action des sources dont l'eau s'infiltrait dans les crevasses. *Die Entstehung der Ferner muss der Anhäufung des Schnees in den Hochthälern zugeschrieben werden, von dem ein Theil schmelze, und den übrigen in Eis verwandle. Der Wachsthum derselben rühre von eingesessenen Wassern her, welche gefrieren und Klüfte verursachen. Die Erdwärme und das Quellwasser, welches von den Berggehängen zufliesst, lösen den Eisstock von den Unterlagen los, etc.*

1. A cette époque une multitude de petits filets d'une eau

Toutefois, en 1842, les assises entassées près de l'Hinter-Grasslen, ayant rejeté devant elles toutes leurs impuretés, apparurent réunies et soudées les unes aux autres. Il s'y forma de profondes crevasses, et aussitôt commença la marche déclive du glacier (automne 1843). [1]

Le bruit de ses progrès se répandit vite dans la vallée de Rofen; les habitants, déjà fort inquiets, visitèrent souvent les deux courants combinés [2]; mais les neiges empêchaient de se rendre un compte bien exact de la rapidité des glaces. Cependant, du 2 au 9 avril on les vit avancer de $3^m,20$. Avec le printemps, recommencèrent les détonations incessantes, qui partaient de la masse intérieure du Rofen-Vernagt: les crevasses furent plus nombreuses, leur ouverture plus large et plus profonde. C'était le signe infaillible d'un accroissement de vitesse. En 67 jours (18 juin— 21 août) elle avait été de 200 mètres. [3]

laiteuse sortaient du glacier, imbibaient le terrain glaiseux du Guslar et se répandaient dans la vallée.

1. Le Hoch-Vernagt-Ferner augmenta d'abord en hauteur et parut se mettre le premier en marche.

2. Klotz assure qu'une énorme quantité de neige occupait la partie antérieure du glacier, et roulant devant lui, semblait lui servir d'avant-garde.

3. Ces progrès en étendue ne diminuaient nullement l'accroissement en hauteur. La glace avait alors atteint de vieilles moraines latérales qu'elle avait formées dans ses précédentes

Les conséquences d'une semblable irruption alarmè
rent l'autorité, qui chargea deux ingénieurs de Halle,
MM. Hütteger et Rettenbacher, de lui faire un rapport exact de l'état du Rofen-Vernagt, et des moyens
de s'opposer à sa marche. Leur ascension, dans la vallée de Fend, date du 18 octobre 1844. Ils constatèrent
que la rapidité de parcours des glaces avait été, depuis le 18 juin, de plus de 376 mètres [1] ; mais le côté
occidental du courant leur semblait doué d'une rapidité bien supérieure à celui de l'Est.

Quelque temps après le Rofen-Vernagt atteignit
de vieilles moraines latérales, qui s'élevaient à envi-

---

incursions. — Cependant les progrès ne furent pas toujours
également rapides ; mais le 2 septembre, la distance totale par-
courue était de 1000 mètres au moins (Rapport de la commission qui m'a été communiqué par le docteur Stotter).

1. Voyez le tableau récapitulatif des différentes distances,
observées par rapport au Zwerchwand. La surface du glacier,
disent ces commissaires, était couverte d'énormes blocs de
glaces, et de *fragments considérables,* arrachés aux *granits du
Gebatscher.* Ils furent frappés aussi du nombre et de la profondeur des crevasses ; leur direction générale était S. E. N. O.
Voici quelques chiffres comparatifs :

Du 13 novembre 1843 au 14 octobre 1844 (341 jours) le
glacier a marché de 481^m,60. Dans ce total, les mois d'été (en
Tyrol) ne figurent que pour 80 mètres, d'où l'on peut conclure
que *la marche la plus active avait lieu en hiver et au printemps.*
Au 18 octobre 1844, le glacier avait 64 mètres de largeur et
12^m,8 de hauteur. La pente de la vallée est en cet endroit de
17° (voyez le tableau récapitulatif déjà cité).

ron 210 mètres au-dessus du niveau du sol. Mais cet obstacle ne l'arrêta pas longtemps : on vit les glaces s'élever rapidement, se dresser contre le talus de la moraine, et le franchir bientôt après.

En janvier 1845, nouvelle excursion des commissaires, pour examiner si le Rofen-Vernagt s'était avancé depuis le 18 octobre. Les recherches de MM. Rettenbacher et Hipperger étaient d'autant plus intéressantes, qu'elles devaient contrôler les principes alors adoptés par MM. Agassiz et Desor : savoir, que les glaciers ne marchent pas et même *ne sauraient marcher* en hiver. Soixante-seize jours s'étaient écoulés depuis les premières visites des ingénieurs, et le Rofen-Vernagt avait franchi 1.º les *moraines de* 210 *mètres de hauteur*, et 2.º *dépassé ce point de plus de* 128 *mètres* (moyenne de 1^m,69 par jour en longueur). Que devenait la règle que je viens de citer, en présence d'une si éclatante exception?[1]

Encore si les glaces ne s'étaient étendues qu'en longueur! mais non, libres de tout obstacle, elles avaient acquis une largeur effrayante[2], et une hau-

---

1. Nous ferons remarquer à la fin de ce chapitre que le Rofen-Vernagt et le Hoch-OEtzthaler-Ferner dans la vallée de Gurglthal, ont invariablement fait, pendant la saison d'hiver, leurs progrès les plus rapides.

2. Elles avaient 480 mètres de large à la ligne *cc* (voyez la carte ci-jointe).

teur, dont l'élévation des moraines peut seule donner une idée. [1]

Les neiges qui couvraient la vallée, ne disparurent qu'en mai 1845; les commissaires firent une troisième ascension, dans l'espoir de pouvoir constater plus aisément les progrès du Rofen-Vernagt. Au premier aspect, il était facile de s'apercevoir des changements considérables que ces deux mois de neige et d'humidité avaient opérés dans le glacier. Son extrémité n'était plus qu'à 120 mètres du ruisseau de l'Aach. On essaya vainement de mesurer la vitesse quotidienne de sa marche, on ne put y arriver à cause du

---

1. Voici le résumé des observations que M. A. Haid, desservant de Rofen et de Fend, a bien voulu me communiquer :

A la fin d'octobre, me dit-il, les déchirements dans la masse du glacier se firent plus nombreux ; les détonations ressemblaient aux éclats de la foudre et avaient, dans la vallée, un retentissement prolongé. En une semaine du mois de novembre, trente pas de terrain avaient été envahis près de la Platteiwand. La surface se hérissait de blocs, dont les formes étaient toujours plus bizarres. — Décembre. — Augmentation des craquements en fréquence et en intensité. Décomposition et chute des pyramides de glace dont je parlais tout à l'heure. Le Vernagtbach disparaissait pendant plusieurs jours, et soudain ses eaux jaillissaient avec violence des crevasses du glacier, mais elles étaient troubles et chargées de sables et de débris. Janvier apporta de beaux jours, mais février et mars passèrent neigeux, et les tourmentes empêchèrent M. A. Haid de visiter aussi souvent le glacier.

danger imminent qui résultait de la chute des blocs de glaces. [1]

Les deux glaciers, jusqu'alors confondus, semblaient s'être divisés de nouveau en deux courants distincts, l'un se dirigeant à l'Est vers le Zwerchwand, l'autre à l'Est-Sud-Est vers le Guslar. [2]

L'épaisseur des glaces avait singulièrement augmenté : les jalons et les points de repère fixés par M. Rettenbacher à 224 mètres au-dessus de la vallée, étaient recouverts et depassés de plus de 50 mètres. La partie supérieure de sa surface était unie, et les assises de glace se superposaient regulièrement [3]. Une multitude de crevasses, des pyramides

---

1. 3.e Rapport des commissaires MM. Rettenbacher et Hipperger. — Mon guide, N. Klotz, m'assura que dans les premiers jours de mai, le glacier avait avancé de 8 mètres en 30 heures, et qu'en 136 jours (3 janvier au 19 mai) il avait franchi 400 mètres.

2. Le courant le plus oriental s'était même avancé jusqu'à 50 mètres du ruisseau, mais il se terminait en pointe et n'avait pas 2 mètres de hauteur. De nombreux blocs de glace couvraient le second courant, et son épaisseur l'emportait de beaucoup sur celle du premier. Quant aux gros fragments de granit dont j'ai parlé, ils avaient disparu dans les crevasses qui partout sillonnaient le glacier.

3. La surface n'avait pas ce poli que l'on remarque dans les glaces qui forment les voûtes du glacier du Rhône ou de ceux de Zermatt et de Grindelwald : elle semblait striée parallèlement par une multitude de lignes ou de cannelures.

En examinant les morceaux de glace écroulés dans la

à demi écroulées, hérissaient la surface inférieure; de fortes détonations s'y faisaient entendre sans cesse, elles étaient accompagnées d'une sorte de bruissement, qui trahissait un travail intérieur dans les molécules mêmes de la glace. [1]

Le glacier, trompant toutes les prévisions, dépassa en douze jours les 120 mètres qui le séparaient du

---

vallée, nous fûmes frappés de son aspect granulaire. C'étaient des cristaux amorphes, tantôt de la grosseur d'une noisette (Vernagt-Ferner et Hintern-Grasslen), tantôt de celle d'un œuf de pigeon : il n'était pas rare de rencontrer des boules de glace du diamètre d'un boulet de 4 et au delà.

1. Le 28 mai, je visitai, pour la première fois, l'Œtzthal et le Rofen-Vernagt, sous la conduite de N. Klotz, dont j'ai parlé. M. l'abbé A. Haid, desservant de Fend, voulut bien m'accompagner. Je franchis d'abord le Platteikogel jusqu'à la hauteur de l'Hintern-Grasslen, et c'est de là que j'étudiai la position du Vernagt-Ferner avant son incursion. En longeant les assises du Plattei, on voyait les glaces fondre très-rapidement; le Vernagt-bach, dont le volume était extrêmement réduit, coulait encore : ses eaux étaient claires, mais elles avaient cette nuance bleu-cuivré particulière à l'eau de glace. Durant mon séjour à Fend, le Rofen-Vernagt atteignit le Zwerchwand. Dans la nuit du 31 mai au premier juin, les paysans s'aperçurent, dès le matin, que le lit du Rofenaach était desséché : ses eaux devaient sans doute être retenues par le glacier. Dès lors le péril devenait plus grand pour la vallée. Je fus encore témoin de la formation du Rofeneis; mais je ne pus en suivre les progrès. Je quittai Fend le 2 juin et ne revins dans la vallée que le 14 du même mois, jour de la catastrophe. On ne s'attendait pas à un dénouement aussi prompt.

Zwerchwand, et toute communication fut dès lors intercepté avec le col du Hochjoch ; car les assises irrégulières du Rofen-Vernagt s'étendaient sur toute la largeur du Rofenthal. [1]

Le lac du Rofen-Eis, dont nous avons parlé, se formait avec rapidité : ses progrès même étaient si effrayants, les appréhensions des habitants de l'Œtzthal si vives, si fondées, que le gouverneur général du Tyrol, S. Exc. le comte de Brandis, résolut de se mettre à la tête d'une nouvelle commission, afin de parer aux périls extrêmes qui menaçaient le cercle de l'Inn supérieur. Cette commission arriva à Fend, le 12 au soir, et le 13, elle se réunissait sur le Platteiwand, au-dessus du glacier.

Le Rofen-Vernagt se trouvait dans le même état où je l'avais vu quinze jours avant [2]. La partie infé-

---

1. La rapidité avec laquelle les glaces avancèrent dans la soirée du 31 mai, au moment où, débordant le Vernagtthal, elles eurent pleine liberté, est vraiment incroyable. N. Klotz, guide de la commission générale, que je n'avais pas revu au moment de mon départ, le 2 juin, m'assura qu'il avait été témoin de ce singulier phénomène. Les petits grains de glace, me dit-il, semblaient agités d'un mouvement de rotation perpétuelle : l'activité qui régnait dans chaque bloc de glace était étonnante. C'était une sorte de décomposition du haut en bas, jointe à une reproduction de la glace, à mesure que l'eau suintait de la partie inférieure du glacier. La marche du Rofen-Vernagt était *alors de 2 mètres par heure !*

2. Je n'ai jamais vu, en Tyrol, ni dans les Alpes suisses, un

rieure, les glaces les plus basses, semblaient avoir augmenté en hauteur : c'était, au reste, l'unique direction où elles pussent désormais s'étendre sans obstacle. Mais le lac avait acquis des dimensions bien autres que celles que j'avais remarquées au mois de mai [1]. Des blocs de glace flottaient épars sur sa surface; les neiges qui l'entouraient, la légère croûte de givre qui cachait ses eaux, avaient entièrement disparu. [2]

---

glacier présenter l'aspect bizarre du Rofen-Vernagt. C'était, comme je l'ai dit, d'effroyables crevasses, des gouffres béants qui en divisaient l'épaisseur, sans direction fixe. Les ruines de toute une ville, qu'un tremblement de terre aurait renversée, donneraient à peine l'image de ce chaos de blocs, de tours, de pyramides, de colonnes de glace, entassés, confondus....

1. Le 14 juin, on voyait encore les amas de sable et de gravier, qui couvraient une portion des glaces; ces débris allaient en s'élargissant depuis le Vernagt jusqu'au Zwerchwand. A n'en pas douter, ce sont les restes des moraines frontales que j'ai signalées près du Hintern-Grasslen. — Il était impossible d'aborder le glacier, pour mesurer l'étendue et la profondeur des crevasses. Il y avait danger même à descendre les derniers gradins de la Platteiwand. On parvint cependant à s'assurer qu'au-dessous de cette masse superficielle et bouleversée, se trouvaient des assises compactes que l'on peut considérer comme le noyau du Rofen-Vernagt.

2. Après leur excursion du mois de janvier 1845, MM. Rettenbacher et Hipperger rapportèrent au laboratoire de Halle deux morceaux de glace, l'un détaché des glaciers du Hochjoch, l'autre appartenant au Rofen-Vernagt. Leur examen démontra, que le poids spécifique de la glace du Rofen-Vernagt était beaucoup moindre que celle des glaciers voisins (la différence

Vers quatre heures de l'après-midi, au moment où la commission se mettait en marche pour retourner

était de 0,983 à 0,914) ; elle renfermait une multitude de bulles d'air : des détritus, du sable, etc., en ternissaient la surface (Rapport déjà cité).

Voici le tableau des dimensions du lac de Rofeneis :

Largeur de la digue au Zwerchwand . . . . 272^m,00
Hauteur de la digue au-dessus du niveau du lac . . . 53^m,56
Plus grande profondeur du lac près la digue . . . . 48^m,80
Idem au Zwerchwand . . . . 35^m,60
Largeur du lac à la digue . . . . 281^m,30
Idem au milieu du lac . . . . 48^m,16
Idem à l'extrémité Sud . . . . 22^m,60
Longueur du lac . . . . $_3$ . . . . 720^m,16

Tableau de l'écoulement des eaux du Rofen-Eis, le 14 juin 1845.

HEURE DES OBSERVATIONS.	HAUTEUR DES EAUX au-dessus du fond de la vallée.	HAUTEUR DES EAUX au-dessus du niveau ordinaire du ruisseau.
4^h 45′ (après-midi).	1^{m}90	0^{m}00
5 00′ —	3.20	1.6
5 9′ —	5.10	4.20
5 13′ —	8.00	6.40
5 15′ —	10·15	8.60
5 18′ —	11.50	10.15
5 25′ —	11.80	10.00
5 35′ ½ —	10.15	8.60
5 38′ —	8.50	7.00
5 39′ —	7.10	5.15
5 40′ —	5.15	3.50
5 42′ —	3.50	1.90
5 48′ —	1.90	0.60

(Extrait des observations faites par la commission centrale, le 14 juin 1845, sur le pont de Rofen.)

à Fend, le cri se répandit dans la vallée : Le lac
s'écoule (*der See bricht aus*)! Un nuage s'élevait
dans la direction du glacier, et les vapeurs qui le
formaient, s'étendirent rapidement dans toute la vallée.
L'air était infecté par des gaz de chlore et de soufre
hydrogéné : l'odeur augmenta bientôt et devint presque insupportable. La commission avait eu le temps
de gagner le pont de Rofen, qui s'élève à $22^m,75$ au-
dessus du précipice, et à 24 mètres au-dessus du lit
du Rofenaach. A quatre heures cinquante-huit minutes, un craquement prolongé se fit entendre;
c'étaient les derniers glaçons qui, pressés par les
eaux, cédaient, en éclatant devant elles. A cinq heures
précises, les premières masses d'eau arrivèrent devant
le pont de Rofen; vingt-cinq minutes après, elles
avaient atteint leur plus grande hauteur.

Les calculs hydrostatiques, faits par le docteur
Stotter, donnèrent pour résultat $12^m,205$ de vitesse
par seconde. Le torrent arriva dans la vallée de l'Inn
à sept heures du soir, et atteignit le pont d'Innsbrück
entre une et deux heures du matin ($116^k,116^m$ en
huit heures). Le chemin que l'on prit pour retourner
à Fend, était coupé par des blocs de glace encore
ruisselants d'eau : une couche de sable d'environ
$0^m,70$ d'épaisseur moyenne, couvrit la vallée jusqu'à
des hauteurs de 15 mètres environ.[1]

---

1. On ne saurait peindre l'horreur des dévastations qui furent

Dès le lendemain, la formation de nouvelles glaces obstrua le passage des eaux, et le lac se reforma de nouveau. [1]

Voilà l'historique abrégé de la quatrième période d'incursion, que le Rofen-Vernagt vient de terminer, dépuis le xvii.e siècle.

Avant d'examiner, quelles sont en Tyrol les vallées où de semblables phénomènes ont pu se passer, jetons un coup d'œil en arrière, et cherchons, dans la comparaison des faits, quelles lois ont dû présider à cette marche extraordinaire.

Des quatre périodes que nous avons étudiées, la plus longue est certainement la deuxième : elle commence avec l'année 1678 et ne se termine qu'en 1681.

Le laps de temps qui s'est écoulé entre le retour des différentes incursions a varié entre 73 et 95 ans.

L'augmentation du volume des glaces, l'écartement de leurs molécules, un changement total de couleur;

---

la suite de cette catastrophe. Les terres minées et entraînées; les champs couverts de sable et de gravier : j'ai vu des rochers arrachés de la montagne avec les arbres qui se trouvaient au-dessus, et transportés à plus de 1000 mètres de leur position. Les meules du moulin de Fend furent portées par les eaux jusqu'à Brunau, c'est-à-dire, à 40 kilomètres de la vallée de Fend.

1. Au moment où j'écris, mars 1846, le lac a atteint les limites qu'il avait le 14 juin 1845. Le glacier reste stationnaire, et rien n'annonce que sa retraite soit prochaine. (Lettre de M. le docteur Stotter.)

voilà les symptômes ordinaires de la marche déclive du Rofen-Vernagt. Cette marche paraît, au reste, être parfaitement indépendante des effets de la température et du mouvement des glaciers en général, et même des plus voisins [1]. L'inclinaison du sol ne paraît pas avoir plus d'influence que la température, sur la rapidité de son dévéloppement (voy. le tableau ci-après). [2]

---

[1]. En effet les glaciers du Guslar, du Wildspitz, du Hochjoch, l'Eisferner, et même ce glacier vertical qui descend le long du Zwerchwand, sous un angle de 68°, n'ont pas présenté d'accroissement sensible. Leur épaisseur est restée invariable, tandis que celle du Rofen-Vernagt augmentait en six mois (18 octobre 1844 au 19 mai 1845) de 272 mètres. — La moyenne de la vitesse quotidienne depuis le 18 octobre 1844, a suivi les rapports proportionnels :: 3 : 6 : 9, etc.

[2]. Il est curieux de comparer les chiffres publiés par M. Desor (Compte-rendu 1844, Alpenreise, p. 388), comme représentant les progrès du glacier de l'Aar, avec ceux que l'on a constatés pour le Rofen-Vernagt. Dix-huit signaux avaient été fixés sur le glacier de l'Aar. Le signal n.° 5 paraît avoir rencontré le point de plus grande rapidité.

Marche du signal n.° 5 du glacier de l'Aar.	Marche du Rofen-Vernagt.
4 sept. 1842 au 15 août 1843.	—
69^m,57.	
15 août 1843 au 30 août 1844.	13 nov. 1843 au 18 juin 1844.
84^m,08 pour 350 jours.	376^m,00 pour 219 jours.

Ainsi, en deux ans, l'Aargletscher aurait parcouru 154^m,04, tandis qu'en 18 mois 17 jours (et ce n'est pas la période la plus rapide), le Rofen-Vernagt a envahi 1123^m,20. L'extrémité du glacier de l'Aar semblait à peine avancer, quand celle du Rofen-Vernagt avait une vitesse prodigieuse.

Tableau résumé des observations thermométriques et météorologiques faites à Innsbruck, depuis 1816 jusqu'en 1822, et depuis 1838 jusqu'en 1845.

Années	Trimestres	Hauteur moyenne du thermomètre	Jours sereins	Jours nuageux et pluvieux	Variations dans la température
1817.	1.er	+ 3.023	60	32	+ 1.113
	2.e	+10.077	48	43	− 1.531
	3.e	+14.230	55	37	− 0.629
	4.e	+ 2.623	60	32	+ 1.071
1818.	1.er	+ 1.410	63	32	− 0.530
	2.e	+11.846	57	34	− 0.654
	3.e	+12.923	50	42	− 0.238
	4.e	+ 3.340	77	15	− 0.588
1819.	1.er	+ 1.690	65	25	+ 0.830
	2.e	+12.693	55	36	+ 1.085
	3.e	+14.043	48	44	+ 1.272
	4.e	+ 3.680	56	46	+ 1.014
1820.	1.er	+ 1.176	63	27	− 0.230
	2.e	+11.584	43	48	− 0.024
	3.e	+14.686	44	48	− 0.915
	4.e	+ 3.680	56	24	+ 1.975
1821.	1.er	+ 1.417	63	27	− 0.657
	2.e	+10.715	43	48	+ 0.893
	3.e	+14.155	33	59	+ 0.384
	4.e	+ 5.268	65	27	− 1.574
1822.	1.er	+ 2.872	62	28	+ 2.112
	2.e	+13.110	51	40	+ 1.502

Années	Trimestres	Hauteur moyenne du thermomètre	Jours sereins	Jours nuageux	Jours de pluie	Neige	Orages	Hauteur de l'eau dans le pluviomètre
1838.	1.er	− 2.845	27	36	14	7		
	2.e	− 1.269	25	17	7	24		
	3.e	+10.461	28	24	25	5		
	4.e	+12.380	40	20	10			
1839.	1.er	+ 6.120	15	41	25	12		27″
	2.e	+ 0.153	33	33	6			
	3.e	+11.197	25	35	37	7		
	4.e	+12.610	42	42	16			
1840.	1.er	+ 4.556	41	15	16	15		33″ 3‴
	2.e	+ 1.567	25	34	19			
	3.e	+13.906	24	25	33	8		
	4.e	+14.085	29	29	8			
1841.	1.er	+ 0.033	19	42	13	9		16″ 6‴
	2.e	−11.467	17	35	8			
	3.e	+15.154	8	49	25	15		
	4.e	+ 2.837	19	35	5			
1842.	1.er	+ 1.835	30	33	5			23″ 3‴
	2.e	+10.887	10	45	34		1	
	3.e	+12.874	23	37	30			
	4.e	+ 3.575	31	34	9	21		
1843.	1.er	+ 1.373	13	51	6	8		25″ 3‴
	2.e	+10.931	19	51	16			
	3.e	+12.933	13	55	35		1	
	4.e	+ 3.978	15	55	18	20		
1844.	1.er	+ 3.088	14	48	4	5		24″ 2‴
	2.e	+ 9.686	13	46	32	23	5	
1845.	1.er							

Mais ce n'est pas tout; les observations faites sur le Rofen-Vernagt tendent à demontrer que le degré de vitesse dont il était doué, restait étranger à la révolution des saisons.

Un coup d'œil sur le tableau que nous donnons ci-après, qui résume les progrès du Rofen-Vernagt aux différentes époques où les commissaires l'ont visité, la simple comparaison des chiffres, publiés par les anciennes commissions, à chacune des périodes d'envahissement, suffiront pour démontrer que la marche du glacier ne s'est ni arrêtée, ni ralentie en hiver; et que sa vitesse, loin de diminuer, s'est notablement accrue pendant cette saison, ainsi qu'au printemps. [1]

---

1. Le Gross-Œtzthaler-Ferner dont nous avons parlé précédemment, a donné l'hiver dernier (1845) des signes certains d'un accroissement intérieur. Au reste, cette observation n'est pas la première, qui contredise formellement l'opinion des géologues qui rejetterait la marche hivernale des glaciers.

ÉPOQUE DES OBSERVATIONS.	Jours écoulés depuis l'observation précédente.	Distance de l'extrémité du glacier de la Zwerchwand en mètres.	Chiffre de la vitesse depuis la dernière observation.	Inclinaison du sol de la vallée.	Vitesse moyenne de la marche en pieds viennois.
13 novembre 1843........	—	1123^{m}2	—	—	—
18 juin 1844.............	219	750.4	376^{m}0	17°	6.438
18 octobre 1844.........	122	641.6	105.6	17–19°	3.360
3 janvier 1845	76	614.4	132.8	19°	6.552
19 mai 1845	136	129.6	379.2	19–24°	10.455
1 juin 1845.............	13	—	129.6	12°	37.384

7

Voici les conclusions les plus importantes, que l'on peut tirer des observations faites sur le Rofen-Vernagt :

1.° Les glaciers font des progrès en hiver, et peuvent marcher avec une grande rapidité durant cette saison.[1]

2.° On ne saurait attribuer à l'influence unique de la température, les progrès extraordinaires du Rofen-Vernagt.[2]

3.° Il n'est pas plus possible d'admettre, comme

---

1. Ce principe a longtemps été mis en doute. M. Agassiz est un des géologues qui l'ont repoussé le plus énergiquement (*Vierteljahrschrift*, p. 163, et les objections de Hugi, *Gletscher*, p. 23). Cependant il s'y est rallié depuis, sans avoir pu constater nettement la marche hivernale. Dernièrement (janvier 1846, *Allgemeine Zeitung*, février 1846) deux de ses amis, MM. Desor et Dollfus-Ausset ont clairement établi que les signaux, plantés sur le glacier de l'Aar, avaient fait un trajet assez considérable depuis l'automne précédent. — La lecture du tableau déjà cité, où j'ai résumé les différentes mesures prises sur le Rofen-Vernagt, et les assertions des historiens du xvii.ᵉ siècle démontrent assez la réalité du progrès des glaces durant l'hiver.

2. Le récit des historiens que j'ai cité précédemment prouve aussi que les glaciers voisins restaient stationnaires, tandis que le Rofen-Vernagt marchait si rapidement. Durant cette dernière période, 1842-1845, la plus scrupuleuse attention n'a révélé aucun mouvement progressif, dans les glaciers du Hochjoch, du Gebatscher, de l'Eisferner, etc., quoique ce dernier ait une excessive inclinaison.

seule cause d'accroissement, la succession quotidienne des gelées et des dégels.[1]

4.° Je suis tenté d'attribuer la plus grande part des effets que nous venons d'exposer, à l'existence de nombreuses sources sur la surface où le glacier s'est avancé.[2]

5.° Si l'on compare entre elles les observations faites sur le glacier du Rofen-Vernagt, on est encore conduit à penser que les glaciers ne se meuvent pas comme une masse liquide ou semi-pâteuse.[3]

---

1. Voyez les détails de l'excursion à l'Aargletscher (*Winterreise*) publiés par M. Desor en 1844. Ce principe n'est qu'un corollaire de la marche hivernale des glaciers.

2. En effet, si l'on examine le sol argileux des collines environnantes, et surtout celui du Vernagtthal, on y découvrira des sources nombreuses qui imprègnent la terre, ainsi que dans les hauts pâturages de la Suisse. L'eau de ces sources s'écoule par de petits ruisseaux, qui disparaissent quand le glacier s'avance. C'est par leurs fissures capillaires que l'eau pénètre dans les glaces, s'y congèle et contribue ainsi à les faire progresser.

3. On trouve dans la vallée de Rofen un exemple important pour la décision de ce problème. C'est le glacier de l'Eisferner, incliné de 68° et qui cependant n'a jamais fait de progrès sensibles. — MM. Forbes et Hopkins ont cherché à démontrer, qu'une masse de glace placée sur un plan poli et incliné se déplaçait en proportion de son poids et de la pente du glacier. Leur expérience a été faite dans des conditions toutes différentes de celles des glaciers ordinaires ; car, pour qui a vu de près un glacier, il est évident que le lit de la vallée, dans laquelle

6.° Enfin, la cause de la rupture des digues et les effets de l'inondation du Rofen-Eis peuvent donner une idée de l'une des manières dont le phénomène erratique a pu s'accomplir. [1]

---

les glaces se meuvent, n'est pas uni, poli, mais souvent très-raboteux. Il s'y trouve des obstacles de tous genres, comme vieilles moraines, hautes souvent de plus de 150 mètres, telles que celles que le Rofen-Vernagt dût franchir avant d'arriver dans la vallée de Rofen. Ensuite l'examen comparatif de la vitesse des glaces et de la pente du terrain suffit pour montrer le peu d'influence qu'ils exercent l'une sur l'autre (voyez *Jahrbuch*, 1844, 3.ᵉ livr. — *Institut*, 1843, tom. XI. — Comptes rendus de l'Association britannique, 1843).

1. Je ne prétends pas faire de cette circonstance la cause unique, ou même principale, de la dispersion des débris erratiques, mais je crois qu'il faut tenir compte de ce mode dans l'étude du phénomène. Ce n'est que par une théorie éclectique, si j'ose dire, que l'on parviendra à donner une explication satisfaisante de l'époque erratique.

CHAPITRE V.

**QUELLES SONT LES VALLÉES DU TYROL, DONT LA CON-
FORMATION PEUT FAIRE SUPPOSER QU'ELLES ONT
AUTREFOIS SERVI DE BASSIN A DES LACS ?**

———

En parcourant la partie occidentale du Tyrol, et
surtout la vallée de la Venosta et celle de l'Engadin,
je fus frappé de la conformation singulière que présente leur ensemble. A des rétrécissements subits, à
des défilés, si je puis dire, formés par les rochers de
deux montagnes, succèdent, dans ces vallées, de
vastes espaces couverts d'un sable fin ou de cailloux
roulés. On voit des blocs considérables, entassés aux
deux extrémités de ces plaines, et leur présence annonce ordinairement un nouveau rétrécissement, une
gorge nouvelle.

Ces alternatives régulières de plaines et d'étrangle-
ments, se reproduisent dans beaucoup de vallées des
Alpes. Je vais passer en revue celles qui, en Tyrol,
méritent le plus de fixer l'attention du géologue.

Partie occidentale. La vallée de la haute et de la
basse Engadin contient quatre bassins principaux,
dont quelques-uns sont occupés par des lacs encore
existants aujourd'hui. Le premier est le lac de Sils
(1866 mètres au-dessus de la mer), qui s'étend depuis

les rochers de la Maloggia jusqu'à Sils[1]. C'est le plus
élevé des lacs de l'Engadin. Il devait arriver autrefois
jusqu'à Lagiazöll et a dû disparaître, en partie, en se
déversant dans le lac de Silvaplana, par une chute de
100 mètres. Ses bords sont couverts de débris erratiques. On trouve quelques moraines sur la rive gauche
(à l'endroit appelé Coda di Lago).

A ce premier lac, succède celui de Silvaplana, qui,
certainement, devrait occuper tout l'espace compris
entre le bourg de Silvaplana et Campoferio, si des
masses de cailloux et de sable erratique, ne l'avaient
comblé en partie, et n'avaient élevé, près de Sürlaghe,
une sorte de digue, qui a refoulé les eaux contre les
dernières pentes du Monte Curicina.

Un assez long massif de rochers (le Semplatt) sépare le second bassin du lac de San Maurizio, qui,
sans un éboulement de la Cresta, se serait avancé
jusqu'à Samaden, au milieu des alluvions ramassées
par les eaux de l'Inn et du val de Pontresina.[2]

---

1. Hauteur des différents bassins du cours de l'Inn :

Bassins du lac de Sils	1866^m.
— du lac de Silvaplana	1770^m.
— du lac de Saint-Maurice . .	1700^m.
— de Ponte	1319^m.
— de Pfunds.	993^m.
— de Landeck	881^m.
— de Zams et Mils	802^m.

2. C'est surtout, en parcourant la vallée entière, que l'on peut

Après Bevers, et au delà du dernier contre-fort du Mont Rüch, s'étend le quatrième bassin, jusqu'à Madulein. Sa largeur est d'environ 3 kilomètres et demi, à l'embouchure du val Camovera et de l'Albula. La culture et le mélange des alluvions avec les débris erratiques ont dû faire disparaître les dernières traces du phénomène, s'il ne restait encore quelques roches striées auprès de l'Osteria Lasania, et de la pointe d'Augias (Au). Au delà de Madulein, les talus de l'Albula, de la Selvretta, du Monte Bello et du Monte Grais sont si resserrés que, lors du grand développement des glaciers, l'espace formé par la vallée a dû être entièrement comblé. Il n'est plus resté à l'Inn qu'une gorge très-étroite, où les cailloux, qu'elle charrie sans cesse, n'ont même pas pu s'arrêter. [1]

Vallée de l'Inn depuis Finstermünz. Bien que le cours de cette rivière soit moins resserré depuis sa sortie de l'Engadin, les rochers presque verticaux qui, de ce côté, servent d'épaulement à la chaîne du val de

---

s'assurer mieux par combien de rapports le lac de Saint-Maurice devait se relier avec l'ancien lac de Samaden. L'inclinaison des montagnes, l'état des roches, tout porte à penser qu'autrefois les eaux du val de Pontresina devaient affluer directement au lac, tandis qu'aujourd'hui elles vont par mille canaux s'unir à l'Inn.

1. La vallée n'a souvent pas 20 mètres de largeur, et la grande route de Vienne à Milan par le Stilvio est presque toujours taillée dans le roc vif : elle forme une sorte de corniche au-dessus du précipice dans lequel coule l'Inn.

Paznauer, n'ont pas permis aux eaux de s'y amasser et d'y séjourner longtemps. En raison de son égale largeur à Pfunds, à Ried, à Prutz, la vallée ressemble plutôt au lit d'une forte rivière qu'au bassin d'un lac étendu.

Cette hypothèse s'appliquerait mieux aux bassins de Zams et de Mils, qui, pour n'être pas très-vastes, n'en sont pas moins nettement dessinés par les digues de blocs, formées à leur extrémité. Au Nord de la vallée de l'Inn, le Gurglthal conserve encore les contours d'une vaste nappe d'eau d'une longueur d'environ 12 kilomètres, et qui aurait rempli la vallée depuis le Sissenkopf jusqu'à Imst.

Il y a plus d'un siècle, que des auteurs tyroliens ont considéré la vallée de l'Inn comme le bassin d'un ancien lac, qui depuis Roppen et Haimingen se serait étendu jusqu'à Schwaz, dans le cercle de l'Unterinnthal.

Parmi les vallées secondaires qui servent d'affluents à l'Inn et s'ouvrent soit dans la chaîne calcaire du Nord, soit dans le massif des glaciers du Midi, il en est beaucoup qui conservent encore des traces évidentes de l'existence d'anciens lacs.

Je négligerai le Kanserthal et le Pitzthal, dont les bassins sont trop restreints pour mériter l'attention [1],

---

1. Cependant ces vallées s'élargissent en deux différents points, et presque toujours cet écartement des côtés est accompagné de l'apparition de roches striées.

et j'arriverai de suite à l'examen de l'Œtzthal, qui par sa configuration présente plus d'un rapport avec la vallée de l'Engadin. Car, ainsi que l'Engadin, l'Œtzthal se divise en quatre parties, ou mieux, en quatre bassins, entièrement abandonnés par les eaux.

Premier bassin, près de Zwieselstein. C'est le plus petit, mais le plus élevé. Malgré l'encombrement des alluvions, que les eaux du Gurgl et du Timblejoch ont produites en cet endroit, il est facile de déterminer encore la position de la digue de glace qui devait servir de limite au lac. Les glaciers de la Schwarze Schneide ont dû s'avancer jusqu'au-dessus de Gaslach, et faire irruption dans la vallée, comme cela vient d'arriver quelques lieues plus haut, dans le Fenderthal.

Deuxième bassin, depuis Lengenfeld jusqu'à Au, d'une largeur de 4 kilomètres environ. Les moraines y sont très-fréquentes, surtout à l'entrée du Sulzthal [1]. Les rochers du Niedertheg ont empêché cet ancien lac de s'unir avec celui d'Umhausen et de Dumpen, qui forme le troisième bassin.

Enfin, le quatrième et dernier bassin est aussi le plus important; il s'étend depuis Œtz jusqu'à Brunau. Le fond de la vallée est tout hérissé de collines diluviennes, dont les formes arrondies, la composition

---

1. Le Sulzthal près de Gries pourrait bien aussi avoir eu son lac, qui se serait épanché dans celui de Langenfeld, par une pente de 200 pieds environ.

confuse et irrégulière, décèlent assez l'origine. L'Engelwand et les rochers de schiste micacé, qui servent
de soutien à la chaîne de l'Ochsengarten, sont partout
couverts de stries, de cannelures, produites par d'anciens glaciers. [1]

Dans le massif secondaire du Stubai, on trouve peu
de vallées, où il soit possible de supposer d'anciens
lacs. La vallée de Stubai et celle de Sulz sont les
seules qui en portent des traces marquées.

Le revers méridional du groupe de l'OEtz n'est pas
riche en amas diluviens dans les vallées : on n'en trouve
guère que dans celles de Matsch (Sud-Ouest), de Fossen
(Sud), de Passey.

Cours de l'Ill en Vorarlberg. La vallée de l'Ill est
formée de deux bassins nettement caractérisés. Le plus
petit s'étend de Gamprez jusqu'à Löruns, au milieu de
rochers micacés, de grauwacke et de calcaire. Il contient plus de blocs erratiques que de moraines. La
plupart de ces blocs sont à demi ensevelis dans un
limon que les torrents de la montagne ont charrié
depuis des siècles.

---

1. Voici les différentes hauteurs de ces quatre bassins.

Hauteurs des bassins de l'OEtzthal :

Bassin de Fend . . . . 2019^m.
— de Zwieselstein . . . . 1515^m.
— de Lengenfeld . . . . 1269^m.
— d'OEtz . . . . 873^m.

Le second, infiniment plus considérable, atteint les proportions d'un véritable lac.

Sa largeur dépasse en plus d'un point 4000 mètres (notamment de Ludesch à Schneiderstein, et de Satteins à Frastanz); sa longueur est de cinq lieues, depuis Sanct-Peter jusqu'à Feldkirch. A en juger par les stries et les surfaces polies de presque tous les rochers calcaires, il a dû être autrefois entouré de glaciers, dont les assises plongeaient jusque dans le lac, et ses eaux ont dû s'épancher dans la vallée du Rhin; car à Steinwald, auprès de Feldkirch, et avant le rétrécissement subit de la vallée, on trouve plusieurs collines aplaties, uniquement formées de sable et de limon.

Vallée de l'Adige (Etschthal). L'Inn et l'Adige prennent naissance à peu de distance l'un de l'autre : ces deux rivières présentent dans leur parcours la plus grande analogie[1]. Ainsi, aussitôt après être sorti des flancs de l'Habachergletscher, l'Adige traverse une série de petits lacs, que quelques moraines séparent les uns des autres. Ces moraines ont sans doute été déposées par les glaces qui sont descendues le long

---

1. Hauteurs des différents bassins de l'Adige :

Bassin de Retsch		1413^m.
— de Glurns		1041^m.
— de la Venosta		593^m.
— de Bolzano		387^m.
— de Trente		251^m.

des pentes du Falbanais et du Kleinberg. L'ancien lac devait s'étendre depuis Reschen, au Nord, jusqu'à Glurns, sur une largeur de trois kilomètres environ. Les trois petits lacs, le Reschensee, le Mittersee et le Heidensee, ne sont que des restes qui n'auront pu s'écouler avec la grande masse des eaux.

Toute la Venosta (Vintschgau) n'est aussi que le bassin d'un lac, dont le fond est encore couvert de blocs et de dépôts erratiques. Au delà de Méran, les alluvions de l'Adige et de l'Eisack réunies, ne permettent plus de suivre nettement les contours du terrain erratique. Je ne doute pas, cependant, que la vallée n'ait autrefois été un lac jusqu'aux environs de Roveredo et de Serravalle.

Les témoins de l'existence d'anciens lacs ne manquent pas plus dans la partie orientale du Tyrol que dans les contrées que nous venons d'examiner.

Cercle de l'Unterinnthal.

Le Pfitsthal;

Le Muhlwaldthal;

La grande vallée, dite In Ahrenthal;

L'Aachenthal, dans le pays de Salzbourg;

Les deux vallées d'Obersulzbach et d'Untersulzbach;

Enfin, la vallée de Gerlos, offrent des exemples d'une conformation qui fait supposer l'existence d'anciens lacs.

L'un des points les plus curieux pour l'étude du phénomène est le val Camonica, dans le groupe de l'Ortel-Spitz, et près du val di Sole.

La vallée de Camonica se divise en quatre bassins principaux. Celui de Capo di Ponte, à l'embouchure de l'Olegna, et de la Poja. Le deuxième, à l'embouchure du torrent du val de Malga. En troisième lieu, celui de Vezza, près du val Grande. Enfin le dernier et le moins considérable, celui de Pontagna. [1]

Je terminerai cette énumération par l'étude du val Sugana et de la vallée de la Piave, qui présentent des caractères remarquables.

Le val Sugana s'étend depuis Pergine jusqu'à la Rocca et le confluent du Cismon dans la Brenta. On peut le considérer comme le bassin d'un seul lac, dont les limites auraient été le col de Venego, près de Primolano ; le lac de Caldonazzo et celui de Levico semblent être encore les témoins de l'existence de cette nappe d'eau. Et les dépôts, les digues erratiques dont nous avons déjà parlé, viennent à l'appui de ces premières preuves. La vallée de la Piave, depuis Feltre jusqu'à Belluno, offre aussi des traces remarquables du séjour des eaux : le lac qui en occupait la surface avait des proportions (surtout en largeur) très-considérables. [2]

---

1. Il est à remarquer que le bassin le plus élevé est aussi toujours le plus étroit. Cette coïncidence s'explique très-bien par le développement extrême des glaces à ces hauteurs et le peu d'espace qu'elles laissaient aux eaux pour s'amonceler.

2. Niveau de la vallée :

$$\text{Pergine} \ldots \ldots \ldots 503^{\text{m}}.$$
$$\text{Borgo di val Sugano} \ldots 350^{\text{m}}.$$

Cette revue sommaire des principales vallées dans le Tyrol démontre clairement la probabilité du séjour prolongé des eaux. Ces amas d'eau, ces lacs, sont espacés à des hauteurs variables, à des distances très-différentes. Cependant il existe entre tous les lacs d'une même vallée un lien de solidarité bien évident; de telle sorte que la rupture d'une digue, l'épanchement des eaux d'un lac, a dû amener la destruction de tous ceux qui se trouvaient au-dessous.

Un défilé, le resserrement dans les murs de la vallée, l'éboulement d'une montagne, ont quelquefois servi de digues à ces lacs; mais dans la plupart des cas, c'est à l'extension des glaces, à leurs progrès dans la vallée, qu'ils doivent leur formation et leur existence.

CHAPITRE VI.

RÉSUMÉ ET CONCLUSION.

Les montagnes du Tyrol renferment donc, comme celles de la Suisse, des restes évidents du phénomène erratique. Le caractère habituel de ces ruines, nous l'avons dit, se rapproche beaucoup de ceux que les géologues ont reconnus aux dépôts de la Suisse, des Vosges, etc.

Mais quelle est, en Tyrol, l'origine de tant de débris qui ont jonché ses vallées, et souvent altéré la physionomie de la contrée? Ou plutôt, quelles causes semblent révéler l'étude de ce phénomène? Telle est la question qui se présente au premier instant, comme d'elle-même, à la suite des détails dans lesquels nous venons d'entrer : question compliquée, problème ardu, insoluble peut-être, si pour nous diriger au milieu des théories diverses qui se combattent, nous ne pouvions réclamer le secours d'un système éprouvé et l'appui de principes pour ainsi dire passés en force de lois.

La sanction que chaque nouvelle étude du terrain erratique, vient donner à la théorie de MM. de Charpentier, Venetz et Agassiz, ne permet plus d'en méconnaître la réalité [1]. Oui, n'en doutons pas, dans

---

1. Je n'entends pas prétendre que ces auteurs aient adopté exactement le même système ; mais, bien que divisés sur cer-

l'histoire de la terre, il fut une époque où les glaciers s'étendirent sur des contrées qu'ils ne couvrent plus aujourd'hui. C'est à leur développement qu'il faut attribuer la plupart des phénomènes que nous avons décrits et consignés.

On ne parle plus guère des systèmes du plan incliné, des erruptions de gaz. [1]

---

tains détails, ils n'en sont pas moins d'accord sur l'existence du fait le plus important de la période erratique, le développement considérable des glaciers à cette époque.

1. Bien qu'il n'entre pas dans le cadre de ce travail, tout à fait pratique, d'examiner et de comparer entre eux tous les systèmes que les géologues ont publiés sur l'origine et les causes du phénomène erratique, je dirai en peu de mots en quoi consiste la théorie du plan incliné et les objections que l'on peut y faire. Pour plus de détails je renverrai à l'ouvrage de M. de Charpentier, p. 173, auquel j'emprunte cet extrait : l'hypothèse du plan incliné appartient à MM. Ebel et Dolomieu. D'après ces géologues, le phénomène erratique aurait eu lieu à une époque où les Alpes n'avaient pas encore pris le relief qu'elles ont aujourd'hui. Une surface unie, inclinée, aurait relié les cimes les plus élevées avec la plaine, et les blocs, en roulant sur ce plan, seraient arrivés des Alpes au Jura.

On pourrait objecter entre autres choses à ce système : 1.° que le plan incliné ne saurait rendre compte de la dispersion des blocs dans les vallées actuelles, même les plus larges ; 2.° que par cette supposition on néglige d'expliquer l'origine des stries, la formation des moraines, etc. ; 3.° que la même hypothèse, créée tout exprès pour les Alpes suisses et les plaines situées au pied du Jura, ne saurait s'étendre aux Alpes du Tyrol, où le phénomène erratique se rencontre jusque dans les vallées les

De toutes les hypothèses, il en est deux qui sont
seules restées debout : l'hypothèse de M. de Charpentier, que je citais tout à l'heure, et à laquelle je me
rallie, et l'hypothèse qui adopte l'intervention unique
des courants [1]. C'est la théorie dite des courants, qui

---

plus étroites, quand, cependant, l'extrême analogie du même
terrain dans ces deux contrées doit faire supposer qu'il y est dû
à la même cause.

M. Deluc est l'auteur de la théorie des explosions gazeuses.
Ce système paraît avoir été fait surtout en vue d'expliquer la
dispersion des blocs erratiques ; mais il est impuissant, entre
autres, à expliquer la formation des dépôts et la production des
stries.

1. En réunissant sous un même titre les théories qui ont
défendu les courants, je ne prétends pas dire que toutes se
ressemblent parfaitement. En effet, elles diffèrent surtout par
les causes qui ont fait naître ces courants et ne s'accordent que
sur le mode de transport des débris erratiques. Je donnerai, en
tête de ces théories, l'opinion de M. de Saussure. Cet illustre
physicien supposait « que les eaux de l'Océan, dans lesquelles nos
« montagnes ont été formées, les couvraient encore en grande
« partie, lorsqu'une violente secousse du globe ouvrit tout à coup
« de grandes cavités, qui étaient vides auparavant, et causa la
« rupture d'un grand nombre de rochers..... Ces amas à demi
« liquides, chassés par le poids des eaux, s'accumulèrent jusqu'à
« la hauteur où nous voyons encore plusieurs de ces fragments
« épars..... » (Voyage dans les Alpes, §. 210, cité par M. de
Charpentier, p. 193).

M. de Buch (Mémoires de la Société de Berlin, 11 oct. 1811 ;
Annales de chimie et de physique, tom. VII, 1818 ; De Charpentier, pag. 196) admet aussi l'action des courants, bien qu'il

rattache la production de toutes ces ruines à l'existence et au passage d'énormes courants d'eau.

En examinant ce système avec attention, on aperçoit bien qu'il explique heureusement la dispersion et le mode de transport de certains blocs erratiques. La rupture du lac de Gétroz, et celui de Rofen-Eis, dont je viens de faire connaître les effets, peuvent donner une faible idée de la puissance des torrents. Cependant, veut-on remonter à l'origine de ces courants, on ne peut admettre que l'existence de nombreux glaciers, dont la fonte plus ou moins lente a fourni le volume d'eau nécessaire pour des effets aussi extraordinaires. [1]

Pourrait-on mieux rendre raison des différents

---

rejette la cause assignée par M. de Saussure, et y substitue une force inconnue plus générale, qui aurait fait voler ces fragments par-dessus le lac de Genève, sans qu'un seul soit tombé dans la profondeur.

J'examine plus loin l'opinion de M. Escher de la Linth et de M. Studer, qui admettent aussi des courants.

1. Je ne saurais accepter l'opinion de M. Durocher, qui place dans le Nord, aux environs du pôle, le point de départ de masses d'eau énormes, et qui leur attribue la formation des principaux phénomènes erratiques. Du mémoire qu'il a présenté en 1840 à l'Académie, il m'a semblé résulter que M. Durocher admettait deux époques dans le phénomène diluvien. Durant la première, une débâcle effroyable s'est précipitée du pôle vers le Sud, et y a entraîné une multitude de débris de toute espèce. Ensuite, et c'est la seconde époque, une mer très-profonde a couvert la Suède, et, saisie par un abaissement extrême de température, se serait en partie congelée : de l'échouage des blocs

effets du phénomène erratique avec l'hypothèse des courants, telle que l'admettent M. de Buch ou M. Escher de la Linth? Je ne le crois pas. Ainsi, il n'est pas encore clairement établi que l'action des eaux, quelque puissante que vous la supposiez, puisse tracer, sur des surfaces de rochers, des stries semblables à celles qui se rencontrent dans la plupart des vallées de la Suisse et du Tyrol. [1]

Comment aussi expliquer, par la seule théorie des courants, la formation de collines erratiques, composées d'une multitude de débris divers, souvent striés, et qui pour la plupart appartiennent aux plus hautes sommités de la chaîne?

---

de glace sur les côtes de la Finlande, de la Laponie, etc., serait résulté la dispersion de fragments erratiques.

J'ignore quelle est l'origine de cette nappe, qui aurait eu assez de force, pour strier et polir brusquement les roches de la Scandinavie. Je crois que je n'ai pas vu les faits les plus importants du travail de M. Durocher, qui pourraient s'expliquer par l'hypothèse du développement et de la fusion de glaciers. M. de Charpentier l'a démontré dans un article publié en 1842 dans le *Jahrbuch*, 6.ᵉ livr., p. 738.

1. On sait que la débâcle du lac de Gétroz n'a pas strié les rochers qui bordent la vallée de Bagne; et, après la catastrophe du Rofen-Eis, on n'a trouvé dans l'Œtzthal aucune marque de cet événement par des stries ou des cannelures. Les érosions verticales, que l'on attribue quelquefois à l'action des eaux (cascades), n'en proviennent pas toujours, et j'ai signalé celles qui, en Tyrol, m'ont paru devoir être attribuées à la présence d'anciens glaciers.

On s'est appuyé des observations faites lors de l'écoulement du lac de la vallée de Bagne, en 1818, et du transport de blocs considérables à quelque distance de Gétroz. Mais ces motifs ne me paraissent pas assez puissants pour contre-balancer d'autres difficultés. D'ailleurs, la vue d'une débâcle bien autrement considérable que celle du lac de Gétroz, aurait dû me convaincre de la réalité de cette hypothèse, si elle eût été fondée.

Certes, on ne saurait nier l'énorme puissance d'un courant tel que celui du Rofen-Eis, dans la soirée du 14 juin 1845, puisque j'ai cité des fragments de rochers, des meules de moulin, qu'il avait déposés à des distances étonnantes de leur point de départ. Mais examinez la manière dont sont placés ces blocs, et vous n'en trouverez aucun, qui soit dans une position analogue à celles de la plupart des blocs de la Suisse, ou de ceux du Tyrol que j'ai cités. Il n'en est point resté sur la pente des collines que le courant a inondées; ils se sont tous déposés dans la plaine, et dans la partie la plus basse de la plaine. On n'y remarque pas non plus ce grand nombre de fragments de grosseurs souvent différentes, qui entoure les blocs les plus gros dans la plupart des digues erratiques. [1]

---

1. Après l'écoulement du Rofen-Eis les blocs les plus gros étaient aussi les moins éloignés de la vallée de Rofen : la plupart n'ont pas dépassé un kilomètre. Et si les meules du moulin de

Enfin, rapprochez les descriptions des bandes de blocs erratiques que l'on trouve en Tyrol, vous serez convaincu que, si elles se rencontrent à l'extrémité des vallées, elles se présentent encore bien plus souvent dans leur partie intérieure. Une arête de rochers, une moraine, un amas de sables, le moindre obstacle enfin, paraît avoir suffi pour arrêter ces fragments et les amonceler.

Ce sont donc les eaux qui les ont charriés et les ont fait échouer là? me dira-t-on. Oui, sans doute; mais je ne pense pas que ces eaux aient été jamais des courants aussi rapides qu'on le suppose!

Depuis plusieurs années l'étude du relief et de la conformation des vallées a conduit à penser que leurs fonds avaient bien pu servir de bassins à d'anciens lacs, écoulés depuis les temps historiques. [1]

L'observation des faits qui se sont passés dans la vallée de Rofen m'a donné, je crois, un aperçu de la manière dont certains blocs avaient pu être dispersés. Ce n'est pas sans motif que j'ai consacré un chapitre à énumérer les vallées du Tyrol, dont la conformation pouvait faire supposer l'existence d'anciens lacs. Je crois donc avoir établi, que la plupart de ces vallées

---

Winterstall ont été découvertes sur les bords de l'Inn, c'est que les poutres de la maison du meunier ont formé comme un radeau, sur lequel elles ont été portées.

1. Voyez M. de Charpentier, p. 188; M. Escher de la Linth, Nouvelle Alpina, 1819, et Fromherz, *Diluvial-Gebilde*, etc. 1842.

en portent encore des traces évidentes, et que, s'il en est quelqu'une qui en soit dépourvue, cela tient uniquement à l'exiguïté de son diamètre et au rapprochement des deux versants opposés.

Je pourrai donc affirmer qu'il y eut des lacs dans des points où nous n'en voyons plus aujourd'hui; que ces lacs ont été formés par l'augmentation des glaces, qu'ils ont disparu avec elles; enfin, c'est sur cette hypothèse que je m'appuierai pour dire que la dispersion des blocs erratiques s'est opérée principalement par les glaciers et de la manière dont M. de Charpentier l'a exposée [1], mais que la présence des lacs n'a pas été tout à fait étrangère au transport de ces blocs.

J'ajouterai ici une image réduite, un tableau en raccourci, de ce qui a dû se passer : c'est là, pour ainsi dire, ma profession de foi, en ce qui touche les phénomènes erratiques.

On ne saurait contester, je crois, que la période erratique doit se diviser en deux époques, parfaitement distinctes, et dont l'une se présente comme la conséquence de l'autre. La première époque, qui se confond à peu près avec les temps diluviens les plus reculés [2], a été témoin d'un développement prodigieux des glaces qui couvraient déjà les montagnes.

Que l'on ne s'étonne pas de ce résultat, et ne pen-

---

1. Essai, etc., 2.ᵉ partie, p. 250 et suiv.
2. Essai, etc., 2.ᵉ partie, p. 249.

sons pas qu'il ait fallu, pour produire cet effet, des circonstances bien différentes de celles qui nous entourent aujourd'hui. Des calculs ont prouvé qu'il avait suffi d'une suite d'années humides, beaucoup moins considérable qu'on ne le penserait d'abord. [1]

Les glaciers, en se développant, ont dû dépasser leurs limites, descendre dans les vallées, le long de toutes les déclivités des montagnes; rayer les roches sur lesquelles ils s'appuyaient; détruire les anciennes moraines qu'ils avaient formées, et qui s'opposaient à leurs progrès; en former de nouvelles beaucoup plus loin, que de nouveaux progrès ont détruites encore: bref, les vallées ont été envahies, le courant des eaux intercepté; alors celles-ci se sont amassées, ont formé des lacs.

L'étendue de ces lacs devait être d'autant moindre que les vallées étaient plus hautes et plus étroites, et que les glaces s'étaient plus développées ou occupaient plus d'espace; de là cette circonstance que j'ai fait remarquer dans le chapitre précédent; savoir : que les bassins les plus élevés étaient aussi les plus petits.

Je ne crois pas que ces lacs aient jamais été gelés

---

1. Essai, etc., p. 300 et suiv. Les progrès du Rofen-Vernagt peuvent donner une idée de la manière dont les faits ont dû se passer durant la période erratique. Et le tableau des températures moyennes du Tyrol que j'ai joint au chapitre IV, suffit à démontrer qu'il n'a pas fallu pour cela un grand abaissement de la température.

dans toute leur profondeur; il a pu se former à la superficie une légère croûte, et comme une écume de glace; mais la température n'a pas été assez basse pour congeler l'énorme masse d'eau qui s'y trouvait rassemblée.

C'est à l'action dissolvante de cette eau qu'il faut attribuer la séparation de la masse du glacier de blocs plus ou moins gros, qui, dès lors, flottant à la surface du lac, entraînaient avec eux les parties de moraines superficielles que les avalanches avaient précipitées sur le glacier.

La rupture des glaces, qui maintenaient les eaux, est due à la même cause. Dès lors, le débordement des autres lacs, situés au dessous, a dû être le résultat de ce trop plein du bassin supérieur, et la débâcle est devenue générale. Telle est, en abrégé, la manière dont les faits ont dû se passer dans certaines contrées. Mais je dois déclarer aussi que je suis loin de prétendre, par cette explication, dissiper les difficultés qui s'élèvent dans l'étude du terrain erratique pour d'autres contrées. Ce que je viens de dire dans ce chapitre, s'applique surtout au Tyrol. Je crois cependant, que, dans certaines circonstances, ce terrain s'est produit de la manière que j'indique; mais je n'affirmerai pas qu'il en ait toujours été ainsi.

J'ai insisté dans le chapitre IV sur une circonstance qui m'a semblé intéressante; savoir : que les blocs de glace qui se détachaient du Rofen-Vernagt, et nageaient à la surface du Rofen-Eis, portaient fréquemment des morceaux de rochers, des débris de moraines. J'ai dit que ces radeaux de glaces venaient, presque tous, s'échouer près de la digue, et que lors de sa rupture ils furent entraînés par le torrent des eaux.

Les circonstances étaient les mêmes, durant la période erratique, et la dispersion des blocs a dû se faire comme sur le Rofen-Eis. Voilà donc expliquée la position singulière de ces débris, que l'on voit accumulés derrière une pointe de rochers ou sur les flancs d'une faible colline. Les blocs de glaces, qui flottaient à la surface des lacs glaciaires, se seront échoués contre cet obstacle, et, par suite de leur fusion, les fragments, qu'ils portaient, auront été déposés au fond du lac.

Mais, me diront quelques personnes, cette opinion n'est pas nouvelle, et elle se confond avec des systèmes proscrits à jamais par les objections, que M. de Charpentier leur a faites. Je ne crains pas de l'avouer, cette manière de voir n'est pas nouvelle; et si l'on voulait compter les hypothèses, qui se rapprochent de l'opinion que je défends, on en trouverait quatre, qui prennent la même supposition pour fondement, quoiqu'il existe, entre elles, de notables différences dans les détails. Cependant je ne saurais en admettre aucune; et je crois pouvoir m'associer pleinement, sans restriction, aux observations que M. de Charpentier leur adresse à si juste titre.

Je m'écarte d'abord de l'hypothèse de M. Darwin,

parce qu'elle nécessite l'existence d'une vaste nappe d'eau douce ou salée, peu importe, dont on ne trouve pas de trace dans les dépôts erratiques; ensuite, parce que je ne comprends pas comment cette mer d'une étonnante profondeur (1500 mètres, près du Jorat et du lac Léman) a pu se maintenir dans ses limites, sans déborder sur le reste du continent; et que je saisis encore moins, comment elle a pu disparaître subitement, comme d'un coup de baguette[1]. Ensuite, et M. de Charpentier le demande pour moi à M. Darwin : est-il possible que ces radeaux, flottant sur une vaste mer, aient pu former des dépôts semblables à ceux qui encombrent nos vallées? Peut-on citer un exemple d'un effet pareil dans les mers polaires? Je ne le pense pas.[2]

Enfin, puisque les glaces couvraient alors tous les sommets des montagnes, pourquoi les vents n'au-raient-ils fait échouer sur les écueils des Alpes, des blocs de grès ou de calcaire, venant du Jura ou de la Forêt-Noire, par la même cause que l'on trouve des granits dans les plaines de la Suisse, aux environs de Soleure, par exemple?

Je n'admets pas davantage la supposition que ces

---

1. A moins que l'on admette l'hypothèse de M. de Saussure. Voyez M. de Charpentier, p. 180. Et le *Journal of researches in geology and natural history*, 1839, déjà cité.

2. Voyez Récit du capitaine Sabine (*Sabine's Antarctic Expe. dition*), et *Jahrbuch* 1844, 3.ᵉ liv.

radeaux, dont je parlais tout à l'heure, aient été entraînés dans la plaine, par la puissance des courants qui se seraient précipités du sommet des Alpes. On a contesté, avec raison, l'existence et la profondeur excessive de ces courants (800 mètres). M. de Charpentier[1] a demandé aux partisans de ce système par quelle circonstance les sommets des Alpes ont pu donner issue à de telles nappes d'eau? comment les blocs lancés avec une si prodigieuse violence ne se sont pas brisés contre des parois de rochers qui ont dû s'opposer à leur passage? La théorie du développement des glaciers semble infiniment mieux cadrer avec l'observation et la connaissance de la nature. Et je doute que l'on puisse jamais démontrer la réalité et l'existence de semblables courants.

M. de Charpentier cite, dans son Essai (page 188), l'opinion d'un savant voyageur (qu'il ne nomme pas), et dont les idées ont une singulière ressemblance avec l'opinion que j'ai avancée. En effet, il admet comme je le fais, l'existence d'une série de lacs, à différents niveaux, dans les vallées. Entourée de glaciers, leur surface aurait été couverte de radeaux flottants, qui auraient semé, çà et là, des débris arrachés à divers points de la montagne. Mais l'auteur de l'*Essai sur les glaciers* rejette cette opinion, comme présentant trop d'impossibilités. Je ne sais si cela peut être pour la

---

1. M. de Charpentier, Essai, etc., p. 184.

Suisse; cependant, j'en douterais presque, si je con-
sultais la conformation de la plupart des vallées que
j'ai parcourues dans ce pays; mais il paraît certain que
le relief des vallées du Tyrol indique bien évidem-
ment l'existence, dans leur intérieur, d'un système de
lacs, qui se seraient déversés les uns dans les autres.

Voici venir une hypothèse, de laquelle il semble
que je me rapproche davantage. Je veux parler de la
théorie de M. Escher de la Linth, fondée sur la brusque
rupture de lacs diluviens [1]. L'auteur suppose que, par
une cause inconnue, les digues de rochers qui, à
l'entrée de chaque vallée, en retenaient les eaux et
formaient des lacs, se sont brisées tout à coup; et
que l'écoulement subit des eaux aurait formé des torrents épouvantables, et causé, ainsi, la dispersion de
ces blocs que nous trouvons dans toutes les vallées.
M. Fromherz s'est rallié à cette opinion dans son
travail sur la Forêt-Noire. [2]

Quoi qu'il en soit de cette cause inconnue et de la
rupture subite des digues, il faut, en dernière analyse,
revenir à l'action des courants; et j'ai peine à croire
que jamais des courants, quelque rapidité qu'on leur
suppose, puissent produire des stries, former des
moraines, et même avoir dispersé tous les blocs que
nous voyons aujourd'hui.

1. Escher de la Linth, Nouvelle Alpina, t. 1, 1839, et M. de
Charpentier, Essai, p. 201.

2. *Diluvial-Gebilde im Schwarzwalde*, première partie, 1842.

En résumé, je m'écarte donc de la première opinion, en ce que je ne puis admettre l'existence d'une mer diluvienne, soit antérieure, soit postérieure au soulèvement des Alpes.

De la seconde, en ce que je rejette, tout autant, la survenance d'énormes courants qui se seraient précipités des Alpes.

Mon opinion diffère de la troisième théorie.

1.° Parce qu'elle suppose un barrage permanent, formé de rochers, de blocs, entassés jusqu'à une hauteur prodigieuse, et dont nous ne voyons pas de restes en rapport avec les proportions qu'ils ont dû avoir.

2.° Parce que je ne crois pas, que la rupture des digues ait été simultanée, mais bien, que, formées par les glaces elles-mêmes, elles ont dû se dissoudre, se détruire peu à peu, les unes après les autres, et non point toutes ensembles, par la survenance d'un tremblement de terre.

Je me rallierais entièrement à la quatrième hypothèse, si le géologue anonyme à qui M. de Charpentier l'attribue, ne prétendait pas que les fragments de rochers ont été transportés à l'intérieur des blocs de glace.[1]

Enfin, je diffère de toutes ces hypothèses réunies,

---

1. Un Italien, le chevalier Venturi, avait partagé la même opinion dans son *Memoria intorno alcuni fenomeni geologici*, 1817, cité par M. Escher de la Linth, et M. de Charpentier, p. 189.

en ce que j'admets la théorie de M. de Charpentier
sur le développement des glaciers et sur la formation
des stries, des moraines et des blocs erratiques, ne
prétendant donner les détails que je viens d'indiquer,
que comme une modalité, une variante dans l'origine
des faits erratiques que l'auteur de l'*Essai sur les glaciers* a si bien expliqués.

FIN.

Wild Sp.

Wild Mandl

Proch K.

Hoch-
Vernagt
Ferner

Plattei
Fr.

Plattei K.

Im hintern Graslen

Gebatscher

Ferner

Rosen

Potid

Rosenthaler
Ferner

Rosen B.

Gufslar B.

Kessel Wände

Thaleits Sp.

Eis
Ferner

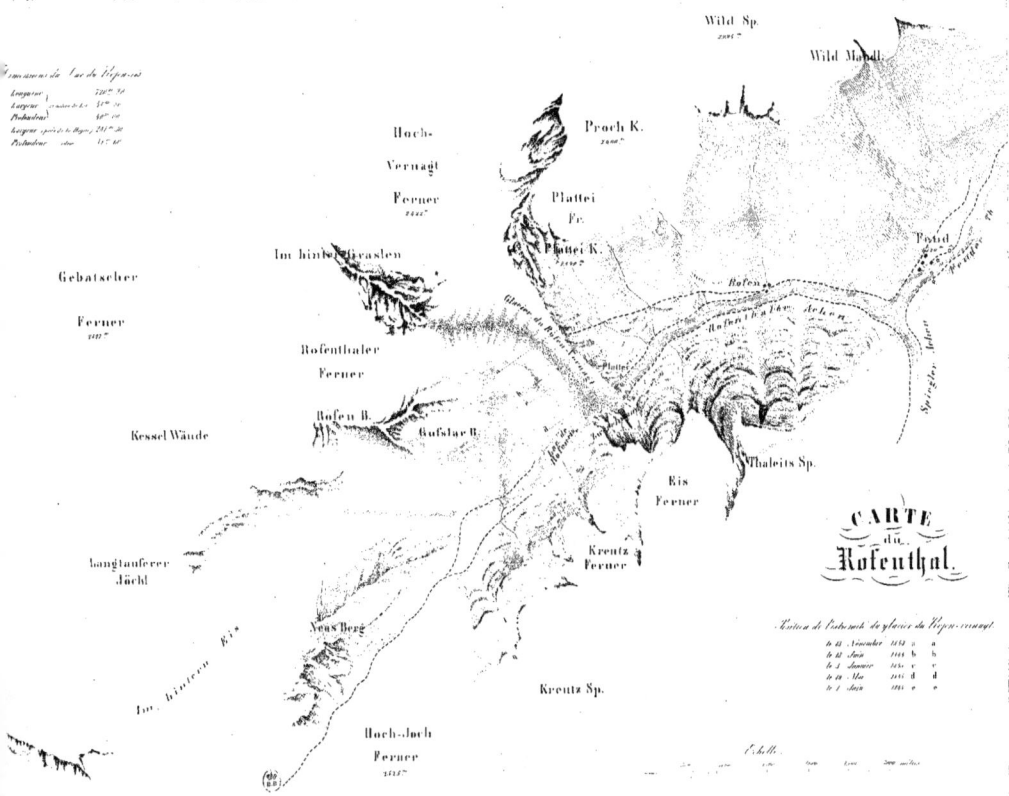

CARTE
du
Rosenthal.

Langtauferer
Jöchl

Kreutz
Ferner

Neus Berg

Im hintern Eis

Kreutz Sp.

Hoch-Joch
Ferner

Echelle.